こども かがく 絵じてん

小型版

川村康文 監修　三省堂編修所 編

三省堂

この絵じてんの特長と使いかた

バスが きゅうに とまると ころびそうに なるのは なぜ?
バスに のっているとき、バスが きゅうに とまったら まえに ころびそうに なったよ。どうしてかな。
はしっている バスが きゅうに とまると、からだが まえに たおれそうに なることが あります。バスが はしっているとき、のっている ひとは バスと おなじように まえへ すすんでいます。バスが きゅうに とまっても、のっている ひとの からだは とまることが できずに まえへ すすみつづけようと するため、のっている ひとは まえに たおれそうに なるのです。
バスが きゅうに とまるとき
バスが まえに すすんでいるとき、バスに のっている ひとも まえに すすみつづける。
バスは とまるけれど、バスに のっている ひとは まえに すすみつづけようと する。そのため、からだは まえに たおれそうに なる。
とまっている バスが きゅうに はしりだすとき、
バスが きゅうに うごくとき
18

タイトル
その見開きで取り上げたテーマを示しています。

リード文
テーマに関連して、子どもが興味を持つようなことについてまとめました。

1 物理学から化学、地球科学、天文学まで、6つの章に分けて紹介

身のまわりの自然現象（力、光、熱、音、電気、水、空気、食べ物など）や、地球や宇宙のふしぎなど、さまざまな分野について取り上げています。

2 絵本感覚で読めるわかりやすいイラスト

イラストをメインに構成しているので、科学のテーマに初めて触れる子どもも、絵を見て理解することができます。

3 本文はすべてひらがな・カタカナ

幼児の「読んでみたい」という気持ちに応えられるよう、子ども向けの本文はすべてひらがな・カタカナで表記しています。

のっている ひとの からだは
まえへ すすむことが できずに
とまったままで いようと するため、
のっている ひとは うしろに
たおれそうに なるのです。

バスは まえに すすむけれど、
バスに のっている ひとは
そこに とまったままで
いようと する。
そのため、からだは
うしろに たおれそうに なる。

おうちの
かたへ

動いているものも止まっているものも、外から力を受けない限りその状態を保とうとします。この性質を「慣性」といいます。
バスが急に止まったときに乗客の体が進行方向へ傾くのは、乗客の体が、慣性によって止まる前と同じ速度で進み続けようとするからです。また、バスが急に発進するときに乗客の体が進行方向とは逆に傾くのは、乗客の体が慣性によって止まった状態を続けようとするからです。
一定の速さで一直線上を走り続ける電車内でジャンプして、同じ場所に降りるのも同じことです。電車内の人は、電車と同じ速度で進行方向に進み続けるため、同じ場所に降りられます。

19

おうちのかたへ

各テーマの内容について、本文で説明できなかった事柄の補足や、本文に関連した身近な自然現象の事例など、大人向けの情報をまとめました。

科学に関係することばを紹介

各章の本文に出てきた用語や、各章のテーマに関係することばの意味を、イラストとともに解説しています。

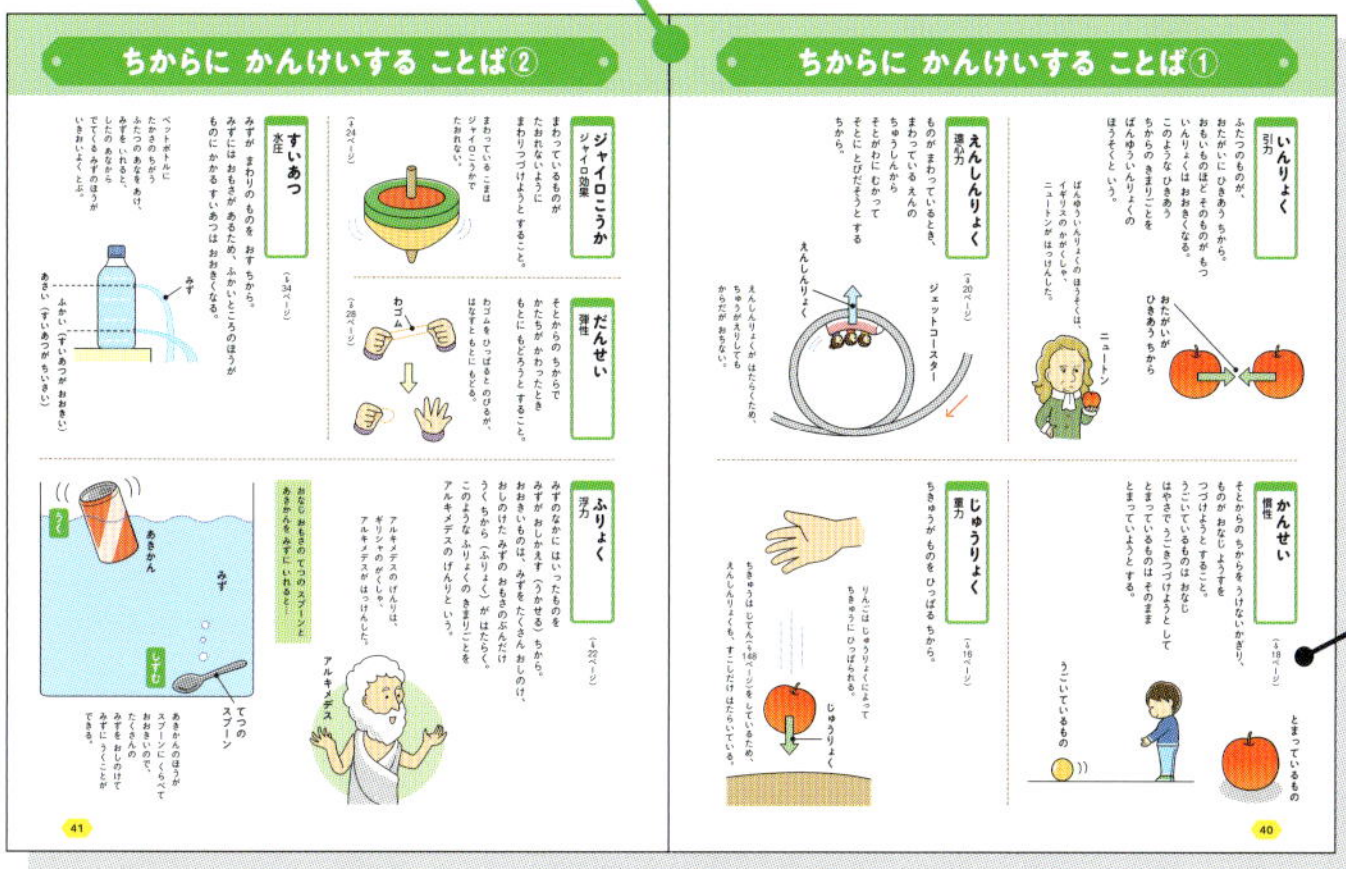

その用語の具体例を紹介している参照ページを入れています。

4 見開き単位の構成でどこからでも読める

1テーマ1見開きで構成しているので、子どもが興味を持ったどのテーマからでも読むことができます。

もくじ

3 みず・くうき

4 ひかり・ねつ・おと・でんき

1

かがくって なあに？

みの まわりに ある いろいろな ちから

ものを うごかす ちからや、うごいている ものを とめる ちから。みの まわりでは いろいろな ちからが はたらいているよ。

ボールを そらに むかって なげてみましょう。そらに むかって なげた ボールは、じめんに むかって おちてきます。ボールが みえない ちからで じめんに ひっぱられて いるからです。

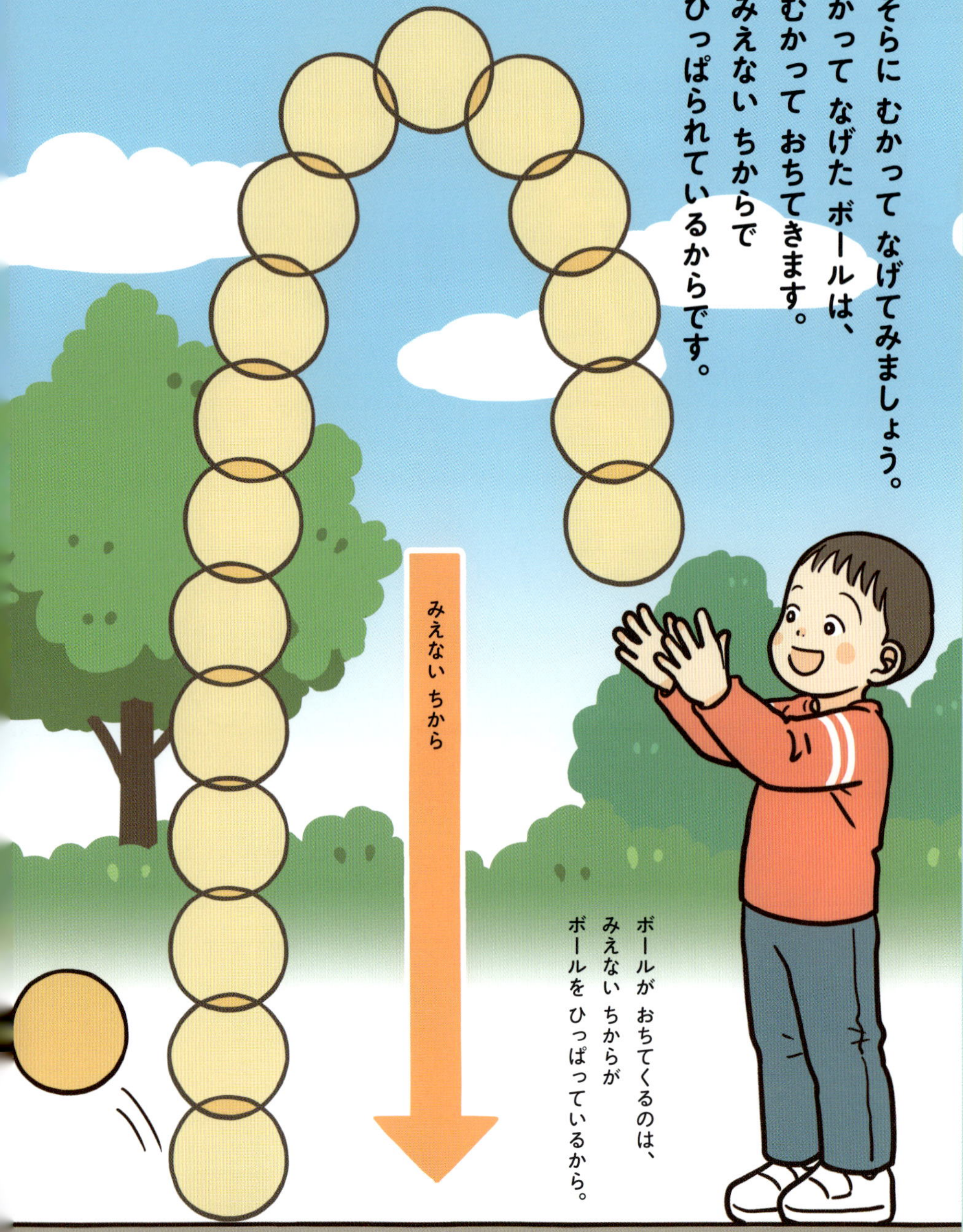
みえない ちから
ボールが おちてくるのは、みえない ちからが ボールを ひっぱって いるから。

みの まわりでは、めに みえない いろいろな ちからが はたらいています。

ひこうきを うきあがらせる ちから。

とまっていた バスが うごきだすとき、のっている ひとが うしろむきに ひっぱられる ちから。

うごいている ボールが とまる ちから。

ふねを うかせる ちから。

おうちのかたへ

ものが動いたり、ものの動く方向が変わったり、ものの形が変わったりするのは、そこに力がはたらくからです。また、ものが地面に置かれて静止しているときも、そこに重力と垂直抗力がはたらき、つり合っています。このように、身のまわりの現象を理解するには、力のはたらきについて考えることが不可欠です。このような力について考える学問を力学といいます。

物理学のうち、力学は、引力、重力、抗力、慣性力、遠心力、摩擦力、浮力、揚力など、目に見えない力を扱います。普段、私たちが日常で体験しているさまざまな現象は、力学の法則で解き明かすことができます。

ものを うごかす エネルギー

にもつを はこぶには
ちからが いるね。
ごはんを たべて げんきに なると、
おもたい にもつも はこべるね。

ものを うごかすためには、
エネルギーが ひつようです。
ひとが にもつを うごかすときには、
エネルギーを つかいます。
つかった エネルギーは にもつに つたわり、
にもつを うごかします。

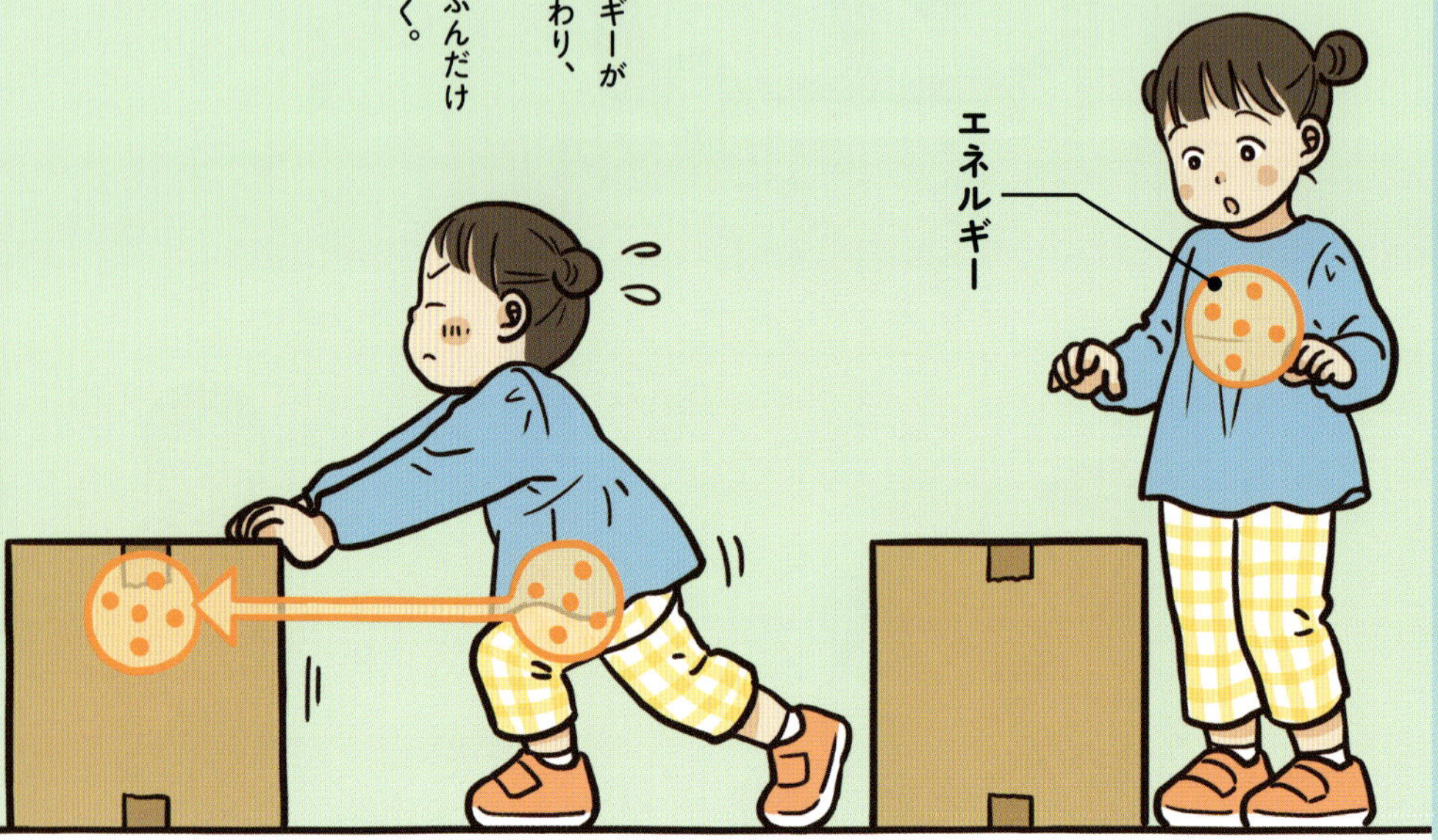

エネルギーの ぶんだけ
にもつが うごく。

エネルギーは ものを うごかすだけでは なく、ものを あたためたり、でんきを おこしたりすることも できます。

うんどうエネルギー

ものが うごいているときに もつ エネルギー。

ねつエネルギー

あたたかいものが もつ エネルギー。

でんきエネルギー

でんきが もつ エネルギー。
あかりを つけたり、
テレビを つけたりできる。

でんしゃを はしらせる ことも できる。

いちエネルギー

ものが たかいところに あるときに もつ エネルギー。

おうちのかたへ

ものは、外からエネルギーが与えられない限り、勝手に動き始めることはできず、与えられたエネルギーの分しか運動できません。荷物が動くのは、人の持つエネルギーが荷物に移り、荷物の運動エネルギーへと変換されるためです。エネルギー量は、移動する前と後で全体の量が変わることはありません。これを「エネルギー保存の法則」といいます。

エネルギーには、運動エネルギーのほか、位置エネルギー、熱エネルギー、電気エネルギーなど、さまざまな種類があり、お互いに変換されます。手をこすると温かくなるのは、運動エネルギーが熱エネルギーに変換されるためです（→78ページ）。

みぢかな ふしぎを みつけてみよう

みえない ちからのことを
もっと しりたいな。
しらべれば しらべるほど
ぎもんが たくさん でてくるよ。

みの まわりのものや ことが
どんなしくみに なっているのか
ときあかすのが かがくです。
「なぜ そうなるのかな?」
「こうじゃないかな?」と、こたえを
おもいえがいてみましょう。
ほんで しらべたり、
せんせいや かぞくの ひとにも
きいてみたりしてください。
ひとつの ぎもんから あたらしい ぎもんが
でてくることも あるでしょう。
こたえを さがしながら、
みぢかな かがくの ふしぎを
どんどん みつけていきましょう。

どうして ひこうきは そらを
とべるのかな?
なにかが うえから ひこうきを
ひっぱっているのかな?

ほんを しらべる

ずかんや かがくしゃの でんきなど、
いろいろな ほんを よんでみよう。

ひとに きく

せんせいや かぞくに
わからないことを きいてみよう。
なにが しりたいのか、
わかりやすく つたえよう。

じっけんを する

みぢかな ざいりょうを つかって
じっけんを してみて、
こたえを さがそう。

おうちのかたへ

科学（science）という言葉は、ラテン語のscientiaが元になっていて、「知ること」という意味があります。自然の成り立ちや法則性を解明する現在の自然科学の土台ができたのは、16～17世紀にかけてのガリレオやニュートンがいた時代です。自然現象の背後に「普遍的な法則」を探るという発想が生まれたのです。

この本では、自然科学の中の物理学、化学、地球科学、天文学の分野を、おもに取り上げています。これらの分野で見られるさまざまな現象の中に、普遍的な性質を見出すことができれば、科学をよりおもしろく感じられるでしょう。

かがくに かんけいする ことば

りきがく
力学

ものと ものとの あいだに
はたらく ちからと
それに よって うまれる
うんどうを よく しらべ、
ふかく かんがえる
がくもんの こと。

(↓8ページ)

にもつが うごくのは、
にもつに ひとの ちからが
くわわるから。

エネルギー

ものの じょうたいを かえるときに
ひつようなもの。
うんどうエネルギーや、ねつエネルギー、
でんきエネルギーなど
さまざまなものが あり、
それぞれの エネルギーは
べつの エネルギーに
かえることが できる。
エネルギーの ぜんたいの りょうは、
ものから ものへ うつるまえと
あとで かわることは ない。
これを エネルギーほぞんの
ほうそくと いう。

(↓10ページ)

でんきエネルギーが
ねつエネルギーに
かわる。

ほうそく
法則

ものごとの あいだで なりたつ
きほんの きまりごと。
これまで、たくさんの
かがくしゃが しぜんのなかで
おこる さまざまなものや ことを
よく しらべ、ふかく かんがえて
それに かかわる ほうそくを
はっけんしている。

りんごが じめんに
おちる りゆうは、
ニュートンが はっけんした
ばんゆういんりょくの ほうそくで
せつめいできる(↓40ページ)。

かがく
科学

みの まわりや しぜんのなかで
おこる いろいろなことや
ものについて よく しらべ、
ふかく かんがえること。
かがくのなかでも、
しぜんの なりたちや
ほうそくを かんがえる かがくを
しぜんかがくと いう。

(↓12ページ)

2 ちから

もっているものを はなすと じめんに おちるのは なぜ？

てに もったりんごを はなすと、かならず じめんに おちるよね。どうして おちるのかな。みえない ちからで ひっぱられているのかな。

てに もったものを はなすと、じめんに おちます。これは、じめん（ちきゅう）が ものを ひっぱっているからです。このひっぱる ちからは じゅうりょくと いわれています。ちきゅうに ある すべてのものは、じゅうりょくによって ちきゅうに ひっぱられているのです。

ちきゅうは、まるい ボールのような かたちを しています。
じゅうりょくは、ちきゅうの まんなかに
むかって はたらきます。
ちきゅうの どこに いても、からだは ちきゅうの
まんなかに むかって ひっぱられるため、
ちきゅうの うらがわに いっても
おちることは ありません。

からだが ふわっと うくのは なぜ?

ジェットコースターに のって、
たかいところから
きゅうに おちるとき、
ふわっと からだが
うきあがる かんじに なります。
たかいところから おちるときには、
からだに かかる ちからが
すくなくなるため、
ういているように かんじるのです。

ちきゅうの うえに いる ひとや ものは
すべて ちきゅうの まんなかに むかって
ひっぱられている。

おうちの かたへ

この世にあるものは、すべてお互いに引き合う力（引力）を持っています。手に持ったリンゴを離すと落ちてしまうのは、地球がリンゴを引っ張っているからです。リンゴも地球を引っ張っていますが、地球の力のほうが大きいので、地球は動かないととらえて差し支えありません。そのため、私たちには、リンゴが地面に落ちるように見えるのです。

地球は自転をしているため、地球の内側に向かってはたらく引力のほかに、地球の外側に向かってはたらく力（遠心力）が生じます。そのため、正確にいうと、地球上では、引力から遠心力を引いた力（重力）がはたらきます。

バスが きゅうに とまると ころびそうに なるのは なぜ？

バスに のっているとき、
バスが きゅうに とまったら
まえに ころびそうに なったよ。
どうしてかな。

はしっている バスが きゅうに とまると、からだが まえに たおれそうに なることが あります。
バスが はしっているとき、のっている ひとは バスと おなじように まえへ すすんでいます。
バスが きゅうに とまっても、のっている ひとの からだは とまることが できずに まえへ すすみつづけようと するため、のっている ひとは まえに たおれそうに なるのです。

バスが きゅうに とまるとき
バスが まえに すすんでいるとき、バスに のっている ひとも まえに すすみつづける。
バスは とまるけれど、バスに のっている ひとは まえに すすみつづけようと する。そのため、からだは まえに たおれそうに なる。

とまっている バスが きゅうに
はしりだすとき、
からだが うしろに
たおれそうに なることが あります。
バスが きゅうに はしりだしても、
のっている ひとの からだは
まえへ すすむことが できずに
とまったままで いようと するため、
のっている ひとは うしろに
たおれそうに なるのです。

バスが きゅうに うごくとき
バスが とまっているとき、
バスに のっている ひとも
そこに とまっている。
バスは まえに すすむけれど、
バスに のっている ひとは
そこに とまったままで
いようと する。
そのため、からだは
うしろに たおれそうに なる。

おうちのかたへ

動いているものも止まっているものも、外から力を受けない限りその状態を保とうとします。この性質を「慣性」といいます。

バスが急に止まったときに乗客の体が進行方向へ傾くのは、乗客の体が、慣性によって止まる前と同じ速度で進み続けようとするからです。また、バスが急に発進するときに乗客の体が進行方向とは逆に傾くのは、乗客の体が慣性によって止まった状態を続けようとするからです。

一定の速さで一直線上を走り続ける電車内でジャンプして、同じ場所に下りるのも同じことです。電車内の人は、電車と同じ速度で進行方向に進み続けるため、同じ場所に下りられます。

バスが カーブを まがるとき なぜ からだが かたむくの？

バスが カーブを まがるとき、まがるほうと はんたいのほうに からだが かってに かたむくね。どうしてなのか わかるかな。

はしっている バスが カーブを まがるとき、のっている ひとの からだは、カーブの そとがわに ひっぱられるように かたむきます。

ものが まわるときには、まわる えんの ちゅうしんから そとがわに おしだそうと する ちからが はたらきます。このちからを「えんしんりょく」と いいます。くるまや バスが カーブを まがるときには えんを えがくように なるため、えんしんりょくが はたらき、のっている ひとは カーブの そとがわに ひっぱられるように かんじるのです。

バスが ひだりに まがろうと すると、のっている ひとの からだは みぎがわ（カーブの そとがわ）に かたむく。

おうちのかたへ

まっすぐ進んでいたバスや電車などの乗り物がカーブにさしかかるとき、乗客は慣性によってそのまままっすぐ進もうとするので、バスが曲がる方向とは反対側に体が傾きます。この、回転の中心から外側にはたらく力のことを「遠心力」といいます。もしバスが同じ場所をぐるぐると回ったとすると、遠心力のため体は常に中心から外側に引っ張られる感じがします。

遠心力は、私たちの身のまわりのさまざまな場面で見られます。例えば、ジェットコースターで宙返りするときに逆さまの状態になっても落ちないのは、勢いよく回転することで強い遠心力がはたらいているからです。

バスが みぎに まがろうと すると、のっている ひとの からだは ひだりがわ（カーブの そとがわ）に かたむく。
わ～!
あらっ
バスの まがる ほうこう
バスが はやく はしれば はしるほど、カーブを まがるときには つよく ひっぱられるように かんじる。
○○行き

プールに はいると からだが かるくなるのは なぜ？

プールや おふろに はいると
からだが ぷかぷかするね。
なんで そんなふうに かんじるのかな。
ほんとうに かるくなっているのかな。

プールに はいると、
からだが かるくなったように かんじ、
みずに うくことも できるように なります。
このように みずのなかで
からだが かるくなるのは、
みずが したから からだを おして、
もちあげようと しているからです。
なにかが みずのなかに はいると、
みずは そのぶんだけ おしのけられます。
そして、おしのけられたぶんだけ、
うえに おしかえす ちからが はたらくのです。

うかせる ちから
おしのけたぶんの
みずの おもさと
おなじだけ、
うかせる ちからが
はたらく。

タンカーなどの おおきなもののほうが みずを たくさん おしのけるので、そのぶん おおきな うかせる ちからが はたらきます。

おおきな ふねは
てつと いう おもいもので できているが、
ふねのなかは、へやに なっていて
なかに てつが
つまっているわけでは ない。
なかが あいているぶん
かるくなるため、
みずに うくことが できる。

なかが あいているので そのぶん かるくなる。
うかせる ちから
ふねに おしのけられた みずの おもさのぶんだけ うかせる ちからが はたらく。
てつの スプーン
てつの スプーンは、てつの かたまりなので スプーンが おしのけた みずの おもさより、スプーンのほうが おもく、みずに しずむ。

おうちのかたへ

水中に入ったものを、水が押し上げる力を「浮力」といいます。水の中では、ものに押しのけられた水の重さと同じだけ浮力がはたらきます。お風呂やプールに入ると、体が押しのけた水の重さと同じ重さだけ、体が軽くなるというわけです。この法則は発見者の名前から「アルキメデスの原理」と呼ばれ、水以外の液体や空気のような気体でも成り立ちます。

水に入ったものの重さより浮力が大きければ、ものは浮かび、浮力が小さければ沈みます。同じ重さのものでも、水に入る体積が大きいほど、大きな浮力を受けます。そのため、鉄の塊は沈んでも、中に空間をつくって船のような形にすると浮くのです。

じてんしゃは なぜ たおれずに はしれるの？

ひとが のっていない じてんしゃは、スタンドで ささえないと たおれてしまう。はしっていれば たおれない。なぜだろう。

はしっている じてんしゃが たおれないのは、じてんしゃの タイヤが まわりつづけているためです。

たとえば、こまを まわすと、くるくると たおれずに まわりつづけます。でも、まわる スピードが おそくなると、ゆらゆら ゆれて やがて たおれます。じてんしゃの タイヤも、まわっているときは たおれないように する ちからが はたらきますが、とまると それが なくなり、たおれるのです。

まわっている こまは、たおれないように おなじ ほうこうや おなじ はやさで まわりつづけようと する。
まわっている こまは たおれない。
とまった こまは たおれる。
はしっている じてんしゃは たおれない。
とまっている じてんしゃは たおれる。

はしっている じてんしゃが
たおれない りゆうが もうひとつ あります。
ひとは じてんしゃに のって はしるとき、
こまかく ハンドルの むきを かえたりして
たおれにくくしているのです。

じてんしゃが
かたむいたほうに
ハンドルを きりながら、
ハンドルを きるほうとは
はんたいの むきに
からだを かたむけて
バランスを とる。
ハンドルを きる
からだを かたむける
じてんしゃが かたむく

フロントフォーク

おうちのかたへ

走っている自転車には、「ジャイロ効果」がはたらいています。回転するものには、そのまま同じ回転を続けて安定させようとする性質があり、これを「ジャイロ効果」といいます。

また、自転車の構造も倒れにくい設計になっています。本体と前輪はフロントフォークという部品でつながっています。このフロントフォークが地面に対して斜めについていると、前に進みやすく、安定してまっすぐ走らせることができます。

人がバランスをとることも、倒れない理由のひとつです。初めて自転車に乗る人が倒れやすいのは、バランスをとって自転車を操作できていないためです。

こおりの うえは どうして すべるの？

とても さむい ふゆの あさ、
みずたまりの みずが こおっちゃった。
うえを あるいてみたら、
つるっと すべって びっくりしたよ。

こおりの うえを あるこうと すると、
つるつるして、ころびそうに なります。
なぜ こおりの うえは すべるのでしょうか。

ものと ものが こすれあうときには、
そのうごきを じゃまする
まさつと いう ちから（まさつりょく）が
はたらきます。
すべらずに みちを あるけるのは、
くつの うらと じめんとの あいだに
まさつりょくが はたらくためです。

くつの うらは、
でこぼこに なっている。
じめんも でこぼこしているので
ひっかかりあって、
まさつりょくが うまれる。

あめや ゆきが ふったあと
さむくなると、じめんに
のこった みずが こおり、
じめんの でこぼこが なくなります。
さらに、こおりが ほんの すこし とけて、
こおりの うえには みずの まくが できます。
このみずの まくが、くつの うらの
でこぼこの すきまに はいりこみ、
でこぼこによる まさつりょくが よわまるので、
こおりの うえは すべりやすくなるのです。

まさつりょくを ふやすもの

くつの うらの
でこぼこのように
すべりにくい くふうを
しているものは
たくさん あります。

ぐんての ぶつぶつ
タイヤの みぞ
ねじの みぞ

くつの うら
みずの まく
こおり
じめん
うすい みずの まくが くつの でこぼこの すきまに はいりこみ、まさつりょくが よわまる。
こおり

おうちのかたへ

摩擦力とは、物体の動く向きと逆向きにブレーキをかけるようにはたらく力のことです。私たちが歩けるのは、摩擦力があるためです。地面をけったとき、地面から摩擦力を受けることで、体を前に押し出すことができます。靴の底の凸凹は、摩擦力を大きくするためのものです。

スポーツのカーリングは、氷の上での摩擦力の少なさを利用した競技です。ストーンを投げたあと、ブラシで氷の上をこすりますが、これは、ストーンを滑りやすくするためです。ブラシでこすることで氷の表面を少し溶かし、うすい水の膜をつくります。すると、摩擦力が減り、ストーンは遠くまで滑ります。

ボールは どうして はずむの？

こうえんで ボールあそびを したよ。
ともだちの なげた ボールが、
じめんで はねかえって
たかく はずんだよ。

ゴムの ボールを かべや じめんに
あてると、よく はずみます。
ボールのなかには、くうきが
はいっています。
くうきには、そとから おされると
おしかえす ちからが あります。
かべや じめんに あたった ボールには、
なかから おしかえす ちからが はたらき、
そのため、ボールは はずむのです。

ボール
じめんに ぶつかった
ところが おされて へこむ。
ゴム
くうき
じめん

ボールが はずむのには、もうひとつの
りゆうが あります。
ボールは、ゴムで できています。
ゴムは やわらかく、
おすと もとに もどろうと します。
ゴムの もとに もどろうと する ちからと、
ボールのなかの くうきの おしかえす ちからの
ふたつが あわさり、ボールは はずむのです。

くうきが あまり
はいっていない ボールは、
おしかえす ちからが すくないため、
あまり はずまない。

ボールが もとの かたちに
もどろうと、
じめんを おしかえすので
はずむ。

おうちのかたへ

膨らませた風船を押してみると、押し返される感じがします。これが空気の押し返す力です。ボールがはずむのは、ボールの中に空気がいっぱいに入っているからです。空気があまり入っていないボールは、押し返す力が少ないため、あまりはずみません。

また、ボールは、ゴムでできています。ゴムは形が変わると、もとにもどろうとする性質を持っています。これを弾性といいます。弾性が強いボールほどよくはずみます。

スーパーボールは、中に空気が入っていませんが、弾性が特に強いゴムを使っているため、とてもよくはずみます。

シーソーで つりあいを とるには どうするの？

シーソーに のって あそぶとき、
かたほうだけが さがって、
うごかないときが あるよね。
どうすれば シーソーは うごくのかな。

おもさが おおきく ちがう ふたりが、
シーソーの はしに すわると、
シーソーは おもいほうに さがって
うごかなくなってしまいます。
このとき、さがったほうに いる ひとが
まえのほうに うごくと、
シーソーは ちょうど よく
つりあいを とることが でき、
かんたんに うごかすことが できます。
そのひとが さらに まえに うごくと、
こんどは シーソーは、
かるいひとが のったほうに さがります。

シーソーの つりあい

❶ かるい ひとと おもい ひとが、
シーソーの ささえから
おなじだけ はなれた ばしょに
のったときは、つりあわない。

❷ おもい ひとが
ささえに ちかづくと、
ちょうど よく
つりあいが とれる。

❸ おもい ひとが、❷よりも さらに
ささえに ちかづくと、
また つりあわなくなる。
かるい ひとでも、ささえから
とおざかれば とおざかるほど、
もちあがりにくくなる。

おうちのかたへ

棒と支えを使ってものを持ち上げる道具を「てこ」といいます（➡42ページ）。「てこ」では、棒を支えるところを支点、力を加えるところを力点、ものが持ち上がる（力がはたらく）ところを作用点といいます。

「てこ」を使う場合、支点の位置決めが重要です。支点を力点から遠ざけると、力を加える側に有利にはたらき、小さな力で、より重いものを持ち上げることができます。この原理は、小さな力を大きく使う、せん抜き、ペンチなどの道具に活かされています。シーソーの場合、支点を動かせないので、作用点（重い人が乗る位置）を支点に近づけて、バランスをとります。

おもいものを ふたりで はこぶには どうするの？

おもいものを ひとりで はこぶのは、
とても たいへんだね。
ふたりなら らくに なるのかな。
どうすれば うまく はこべるんだろう。

おもい にもつは、ひとりで もちあげるより
ふたりで もちあげるほうが、
ひとりの ちからは すくなくて すみます。
ふたりで おもい にもつを はこぶときは、
できるだけ おなじ むきに
もちあげたほうが らくに はこべます。
べつべつの むきに ちからを いれると、
もちあげる ちからが
ふたつに わかれてしまうため、
たくさんの ちからが いるのです。

おなじ むきに ちからを いれると…

すくない ちからで もちあげる ことが できる。

おとこのこの ちから
おんなのこの ちから
ふたり あわせた ちから

べつべつの むきに ちからを いれると…

もちあげるには、たくさんの ちからが いる。

つりあいも たいせつ

ふたりで もちあげるとき、どちらかの ちからが つよかったり よわかったり すると、ちからが つりあわず かたむいてしまい、うまく もちあげることが できません。

ちからが つよい
ちからが よわい

おうちのかたへ

いくつかの力を合わせてひとつの力にしたものを「合力」といいます。いくつかの力が、一直線上の同じ向きにはたらく場合、単純に力は足し算できます。

ふたりでひとつのものを運ぶとき、ふたつの力は一直線上にはなりません。ふたつの力の合力は、それぞれの力のはたらく方向を2辺とした平行四辺形の対角線で表されます。そのため、ふたつの力の方向が離れていれば離れているほど、持ち上げるのに必要な力が大きくなります。

ふたりでものを運ぶときは、できるだけ同じ方向に持ち上げると、楽に運ぶことができるのです。

ホースの さきを つまむと とおくに みずが とぶのは なぜ？

ホースを つかって みずまきを したよ。ホースの さきを つまんだら みずが とおくまで とんでいって びっくりしちゃった。

ホースを そのまま もっているだけでは、みずは あまり とびません。ホースの さきのほうを つまんで でぐちを せまくすると、みずは いきおいよく とおくに とびます。

そのまま ホースを もつ

ホースの でぐちが ひろいと、ホースのなかで みずが ホースを おす ちからは よわく、みずの いきおいも よわい。

さきのほうを つまんだ
ホースの ちかくを
さわってみると、
かたくなっているのが わかります。
これは、ホースのなかの みずが
ホースを つよく
おしているためです。
ホースの でぐちが せまいと、
みずは すこしずつしか
ホースから でられないため、
みずが ホースを おす ちからが
つよくなります。
そのため、ホースの でぐちから
いきおいよく みずが
とびだすのです。

ホースの さきを つまむ
ホースの でぐちが せまいと、
ホースのなかで
みずが ホースを おす
ちからが つよくなり、
みずの いきおいも つよくなる。
ちからが
つよい。
プシュー!

おうちのかたへ

ホースの中の水は、内側からホースを押しています。この水の押す力を「水圧」といいます。ホースの先を指でつまむと、ホースの出口付近の水圧が大きくなり、遠くに水が飛びます。

一方、ホースの中の水には、水の流れに逆らう向きに抵抗力がはたらきます。抵抗力は、ホースが細く、長いほど大きくなります。そのため、細くて長いホースより、太くて短いホースのほうが、水をたくさん流すことができます。

噴水は、高低差を利用したり、ポンプを使ったりして、水を高く飛ばします。ホースと同じように、噴水の水の吹き出し口を小さくすることで、より勢いよく水を飛ばすことができます。

しんかんせんの はなの さきが ほそながいのは なぜ？

しんかんせんの いちばんまえは
ほそながくなっていて、
とても かっこいいね。
でも、どうして ほそながいのかな。

でんしゃが はしりだすと、
でんしゃの まえがわの
くうきは かぜと なって
でんしゃに ぶつかります。
でんしゃは そのくうきを おしのけて
まえへと すすむので、
まえが たいらだと、
くうきの あたるところが たくさん あり、
あまり はやくは はしれません。
でも、しんかんせんは
いちばん まえを まるく、ほそながくして
くうきの あたるところを
すくなくしています。
くうきは しんかんせんの
かたちに そって うまく
うしろへ ながれるので、
しんかんせんは、ものすごい はやさで
はしることが できるのです。

いろいろな しんかんせん

0《ぜろ》けい

1964ねんに
つくられた
さいしょの
しんかんせん。
せんとうの しゃりょうを
まるく、ほそながくして
くうきを うしろへ
ながした。

500けい

せんとうの
しゃりょうの
さきのほうを
もっと ほそながくして、
たくさんの くうきを
うしろへ ながした。

でんしゃと しんかんせんに ぶつかる くうき

ふつうの でんしゃは まえが たいらなので たくさんの くうきが ぶつかる。

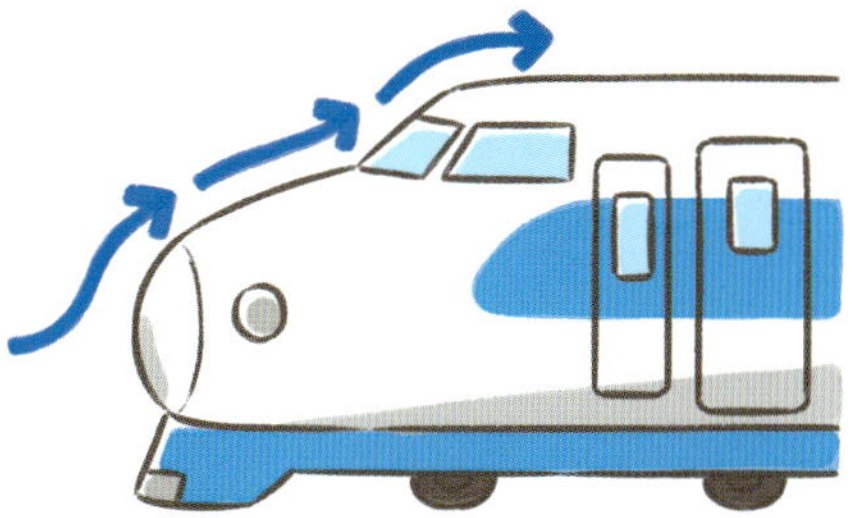

しんかんせんは まえが まるくて ほそながいため くうきが うしろに ながれる。

N《えぬ》700けい

せんとうの しゃりょうを カモノハシの くちばしのような かたちに かえた。これまでの しゃりょうより、さらに たくさんの くうきを うしろへ ながすことが できた。

おうちのかたへ

空気抵抗とは、空気中を進むものが、空気から受ける力のことです。新幹線の先端は、初期の0系の頃から流線形と呼ばれる、空気抵抗を受けにくい形をしていました。流線形とは、先端が風を受け流せるように丸く、全体として細長い形のことをいいます。飛行機の先端の形にも応用されています。

先頭車両をさらに細長くすれば、より空気抵抗を減らすことができますが、乗客定員を減らさないといけません。そこで、先頭車両の左右と上から空気を後方に流せる形状に改良されました。それがN７００系であり、先頭車両がカモノハシのくちばしのような形をしています。

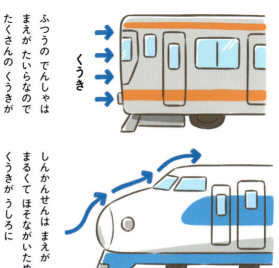

ひこうきは どうして とべるの？

ひこうきは しんかんせんよりも
ずっと はやいよね。
おおきくて おもたいのに、どうして
そんなに はやく そらを とべるのかな。

ひこうきには、ものすごい はやさを だせる
ジェットエンジンが ついています。
ジェットエンジンを つかって
ながい かっそうろを すすむ
ひこうきの つばさには、
たくさんの かぜ（くうき）が
あたります。

ひこうきの つばさは、よこから みると、
かまぼこのように うえが まるく、
したが たいらな かたちを しています。
つばさの したに あたった くうきは、
つばさを おしあげます。

ジェットエンジン
くうきを とりこみ、
ねんりょうと あわせて
エンジンのなかで もやし、
そのガスを ふきだすことで、
いきおいよく まえに すすむ。

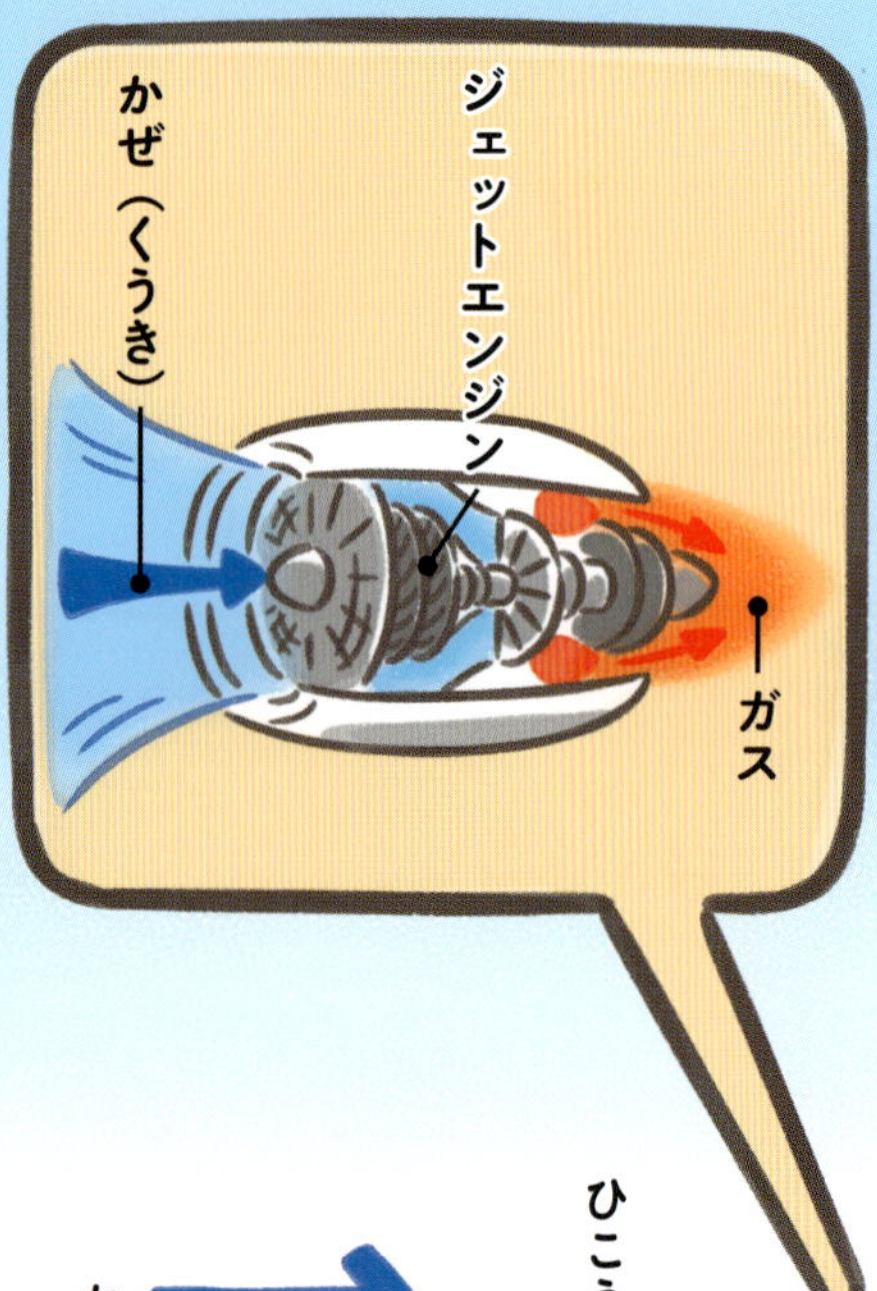

さらに、つばさの うえを ながれる くうきは、
つばさの まるみに そうため、
つばさの したを ながれる くうきに くらべて
ひきのばされて、うすい くうきと なります。
すると、つばさの したの こい くうきが
つばさを おしあげる ことに なり、
つばさが もちあがるのです。
このちから（ようりょく）によって、
ひこうきは とぶことが できるのです。

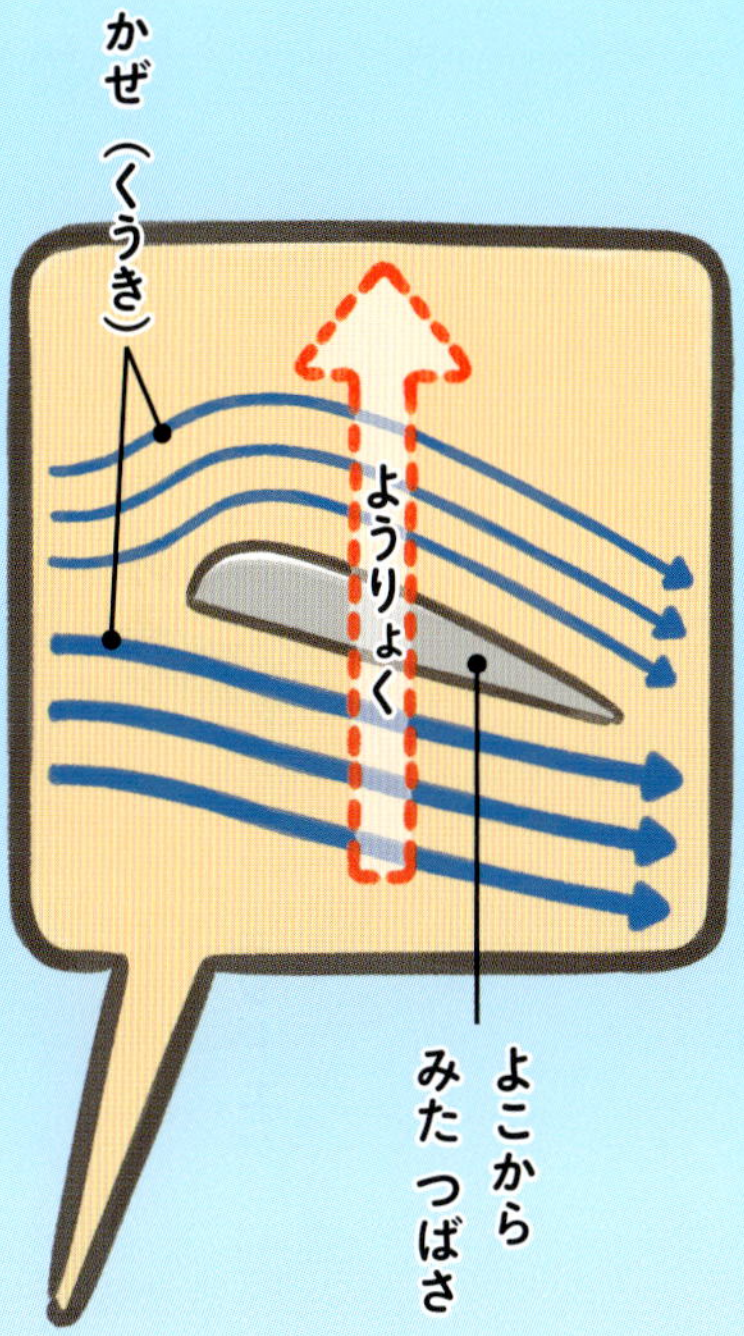

ひこうきは つばさを もちあげるために、
つばさが ななめに なるよう
すこしだけ あたまのほうを うえに
あげて とぶ。

おうちのかたへ

飛行機（ジェット機）には、加圧した空気を燃料と合わせて燃焼し、高温高圧のガスをつくりだすジェットエンジンがついています。ジェットエンジンが噴き出すガスによって、飛行機は時速1000キロメートルもの速さで飛ぶことができます。斜めの「揚力」は、翼が空気を押しのけることで発生します。斜めの

翼の下側は、ぶつかった空気を下へ押し下げ、押し下げられた空気の反作用（➡42ページ）によって翼が押し上げられます。さらに、翼の上が丸いと、翼の上下を流れる空気の速度に差ができ、圧力差が生じるため、揚力が発生します。飛行機は、揚力を得るために、離陸、飛行、着陸において、機首を上にあげています。

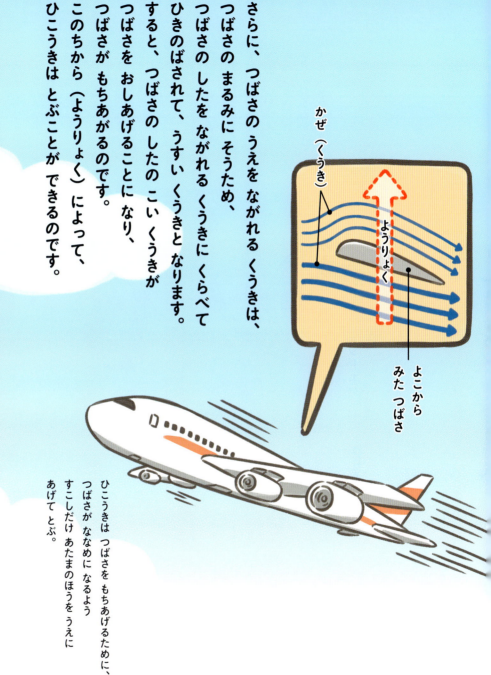

ちからに かんけいする ことば①

いんりょく 引力

ふたつのものが、
おたがいに ひきあう ちから。
おもいものほど そのものが もつ
いんりょくは おおきくなる。
このような ひきあう
ちからの きまりごとを
ばんゆういんりょくの
ほうそくと いう。

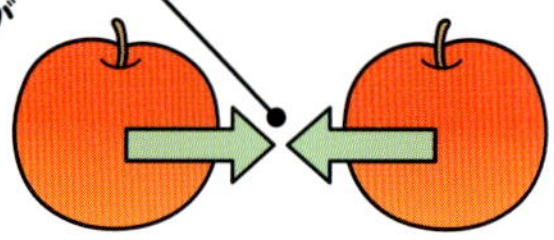
おたがいが
ひきあう ちから

ばんゆういんりょくの ほうそくは、
イギリスの かがくしゃ、
ニュートンが はっけんした。

ニュートン

えんしんりょく 遠心力

（➡20ページ）

ものが まわっているとき、
まわっている えんの
ちゅうしんから
そとがわに むかって
そとに とびだそうと する
ちから。

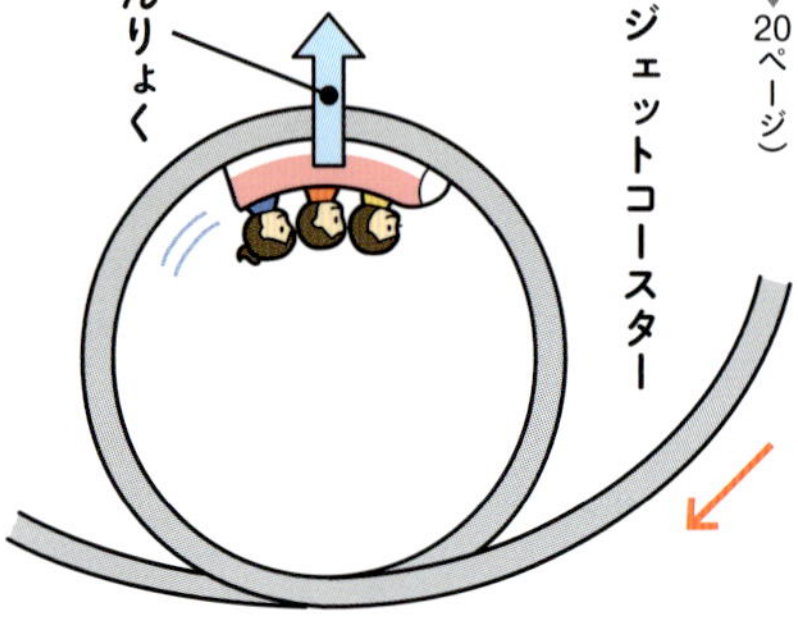
ジェットコースター
えんしんりょく

えんしんりょくが はたらくため、
ちゅうがえりしても
からだが おちない。

かんせい 慣性

（➡18ページ）

そとからの ちからを うけない かぎり、
ものが おなじ ようすを
つづけようと すること。
うごいているものは おなじ
はやさで うごきつづけようと して
とまっているものは そのまま
とまっていようと する。

うごいているもの
とまっているもの

じゅうりょく 重力

（➡16ページ）

ちきゅうが ものを ひっぱる ちから。

りんごは じゅうりょくによって
ちきゅうに ひっぱられる。

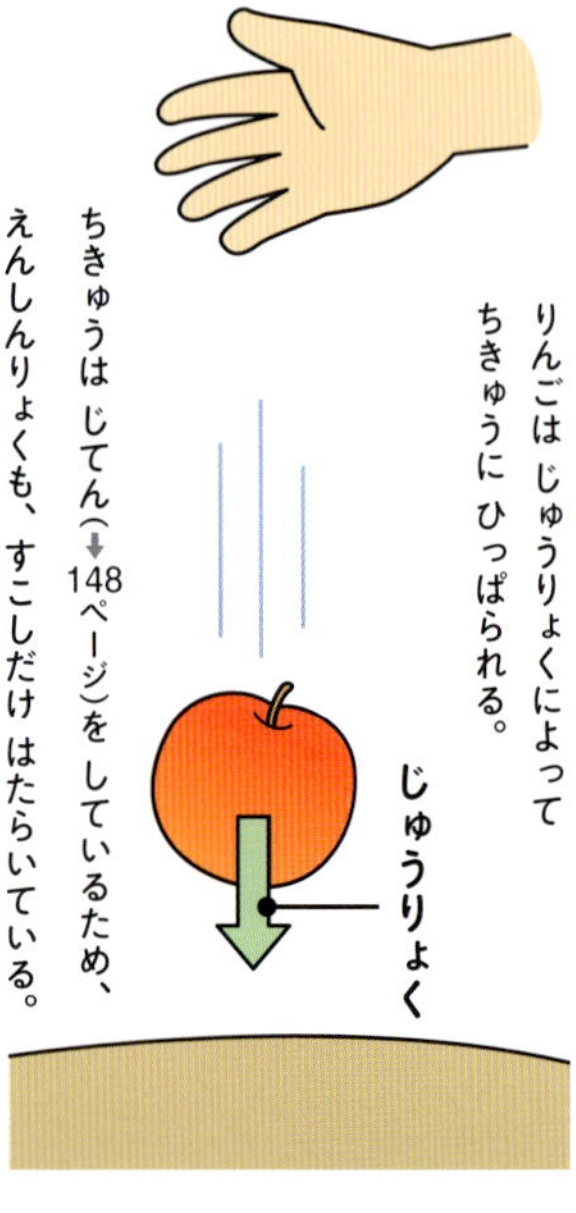
じゅうりょく

ちきゅうは じてん（➡148ページ）を しているため、
えんしんりょくも、すこしだけ はたらいている。

ちからに かんけいする ことば②

ジャイロこうか
ジャイロ効果

まわっているものが たおれないように まわりつづけようと すること。

まわっている こまは ジャイロこうかで たおれない。

（↓24ページ）

だんせい
弾性

そとからの ちからで かたちが かわったとき もとに もどろうと すること。

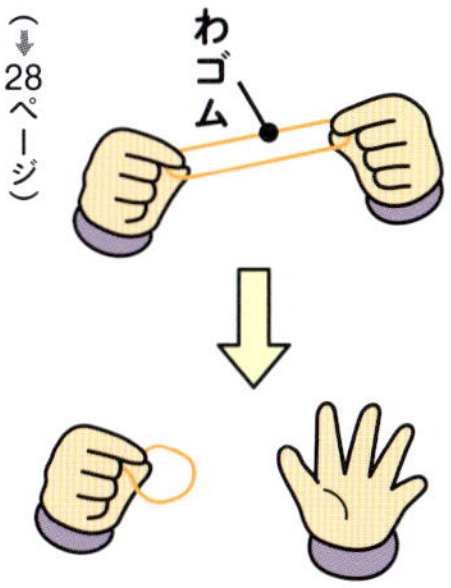
わゴム

わゴムを ひっぱると のびるが、はなすと もとに もどる。

（↓28ページ）

すいあつ
水圧

みずが まわりの ものを おす ちから。みずには おもさが あるため、ふかいところのほうが ものに かかる すいあつは おおきくなる。

（↓34ページ）

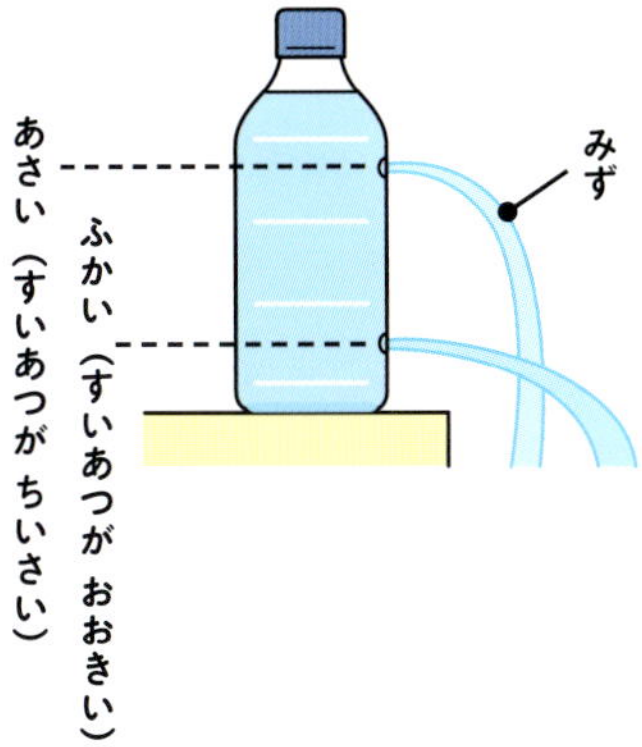
みず
あさい（すいあつが ちいさい）
ふかい（すいあつが おおきい）

ペットボトルに たかさの ちがう ふたつの あなを あけ、みずを いれると、したの あなから でてくる みずのほうが いきおいよく とぶ。

ふりょく
浮力

みずのなかに はいったものを みずが おしかえす（うかせる）ちから。おおきいものは、みずを たくさん おしのけ、おしのけた みずの おもさのぶんだけ うく ちから（ふりょく）が はたらく。このような ふりょくの きまりごとを アルキメデスの げんりと いう。

（↓22ページ）

アルキメデスの げんりは、ギリシャの がくしゃ、アルキメデスが はっけんした。

アルキメデス

おなじ おもさの てつの スプーンと あきかんを みずに いれると…

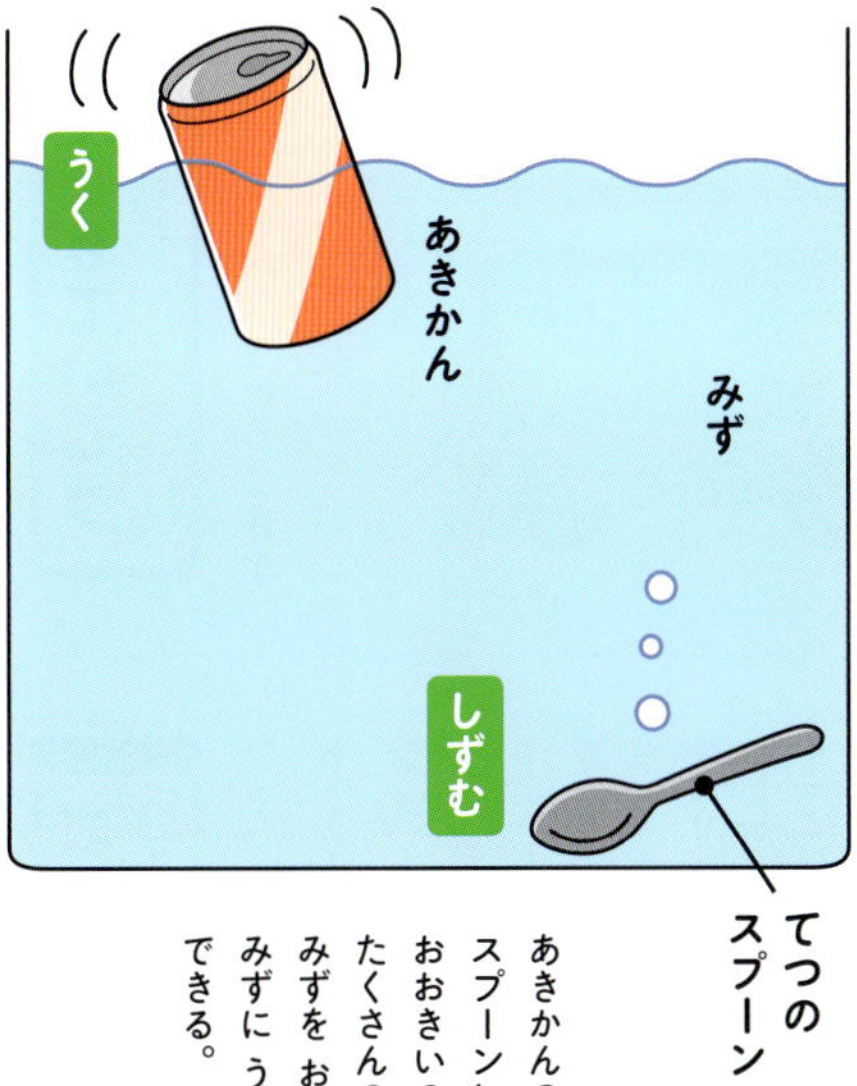
うく
あきかん
みず
しずむ
てつの スプーン

あきかんのほうが スプーンに くらべて おおきいので、たくさんの みずを おしのけて みずに うくことが できる。

ちからに かんけいする ことば③

てこ

ぼうと ささえを つかって ものを もちあげる どうぐ。てこの ぼうを おしさげるところを りきてん、ささえるところを してん、ちからが はたらき ものが もちあがるところを さようてんと いう。

してんを りきてんから できるだけ とおざけると、おもたい ものでも らくに もちあげることが できる。

まさつりょく
摩擦力

ふたつのものが こすれあうとき、そのうごきを じゃまする ちから。つるつるしている ものより、でこぼこの あるもののほうが、はたらく まさつりょくは おおきくなる。

（→26ページ）

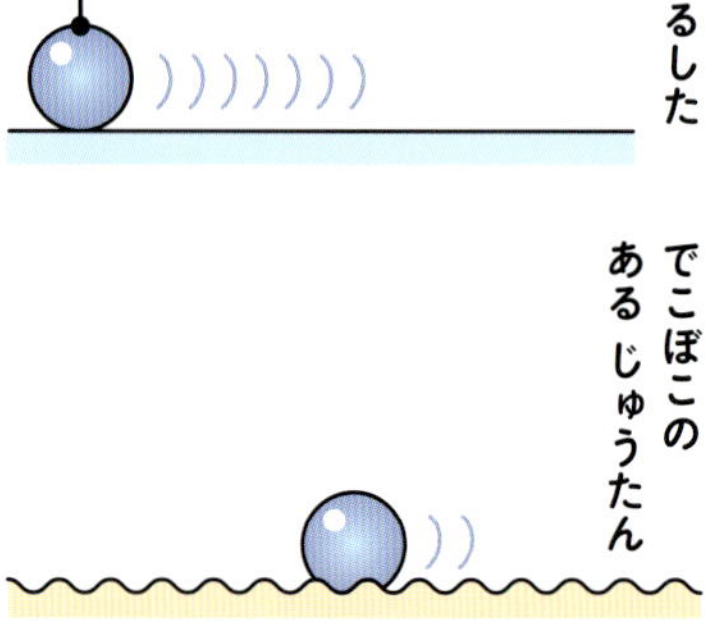

つるつるした ゆかと でこぼこの ある じゅうたんで ビーだまを ころがすと、つるつるした ゆかのほうが よく ころがる。

くうきていこう
空気抵抗

うごいているものに くうきが ぶつかって、すすむのを じゃますること。

（→36ページ）

さよう・はんさよう
作用・反作用

ある ちからが はたらくことを さようと いう。はんさようは、さようにたいして、おなじだけの ちからが、はんたいむきに はたらくこと。

ごうりょく
合力

いくつかの ちからを あわせて ひとつの ちからに したもの。

（→32ページ）

つなひきは、みんなの ちからを あわせた ごうりょくで ひっぱる。

ようりょく
揚力

ものが くうきや みずのなかを すすむとき、うえむきに はたらく ちから。ひこうきの つばさに はたらく ようりょくによって ひこうきは そらを とべる。

（→38ページ）

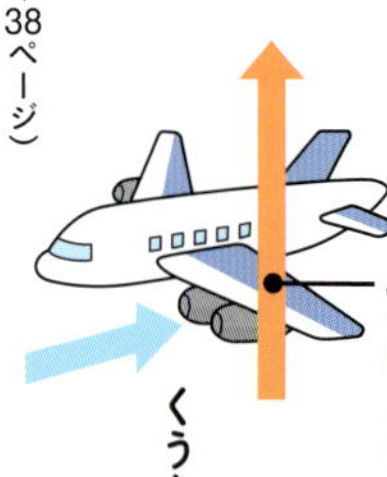

3

みず・くうき

みずたまりの みずは どこに きえてしまうの？

あめが ふったあとには
いくつも みずたまりが できるのに、
いつのまにか きえてしまうのは
どうしてなのかな。

みずは、じかんが たつと
ちいさすぎて みえない みずの
つぶに なって くうきのなかに
とびだしていきます。
このみずの つぶを
すいじょうきと いいます。
みずが すいじょうきと なって
とびだしていくため、
みずたまりの みずは だんだん
すくなくなり、さいごには
きえてしまいます。
これを じょうはつと いいます。

じょうはつ

ちいさな
みずの つぶ（すいじょうき）が
みずの ひょうめんから
とびだしていく。

すいじょうき
すいじょうきは、くうきのなかで じゆうに とびまわっている。
せんたくものが かわくのは、ぬのに しみこんだ みずが じょうはつするため。
みずたまりの みずは、じめんに しみこんで きえることも ある。

おうちのかたへ

水たまりの水が消えてしまうのは、水が蒸発して、液体から気体（水蒸気）に姿を変えるためです。水は水分子（↓65ページ）の集まりです。液体のときは、互いに引き合う力があり、集まったり離れたりしながら動き回っています。水は、蒸発して水分子がばらばらに飛び回る水蒸気に姿を変えると、とても細かく目には見えなくなります。水たまりだけでなく、コップの水など、水の表面からは、温度に関係なく絶えず水が蒸発しています。

常温の水の表面で生じる蒸発に対し、100度に熱された水が水蒸気に変わるのが沸騰です。沸騰では、水の表面だけでなく、内部でも激しく水が水蒸気に変わり、それが泡となって出てきます。

やいた おもちが ふくらむのは なぜ？

ぷくーっと ふくらんだ おもちは
ふうせんみたいだね。
どうして おもちが ふくらむのかな。
なかに なにか はいっているのかな。

おもちは、やいたり
でんしレンジで あたためたりすると
やわらかくなり、ぷくーっと
ふくらみます。
じつは かたい おもちのなかには、
みずが とじこめられています。
ねつを くわえると、
みずは すいじょうきと いう
ちいさすぎて めに みえない
みずの つぶに なって うごきだし、
おもちのなかで ひろがります。
そのひろがる ちからが、
なかから おもちを おしひろげるので
ふうせんのように ふくらむのです。

あたためるまえ
おもちのなかに みずが
とじこめられている。
みず

あたためると
みずは すいじょうきに なって、
おもちを なかから おしひろげる。
すいじょうき
ひから おろすと
すいじょうきが また みずに
もどるので、おもちが しぼむ。

みずと すいじょうき

みずの つぶは
あたためると、
めに みえない
すいじょうきに なって
くうきのなかに
ばらばらに
ひろがる。

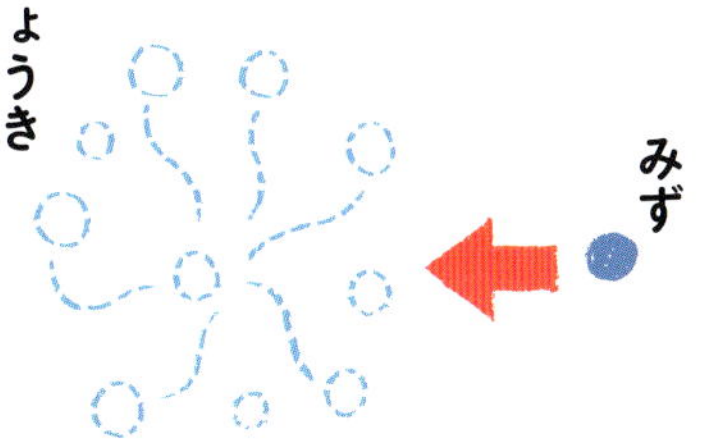
みず
すいじょうき

おうちのかたへ

焼いた餅を膨らませているのは水蒸気です。乾燥させてかたくなった餅の中には、蒸したり、ついたりしたときに中に入り込んだ水分がまだ残っています。その水分が温められ、水蒸気になって広がって中から餅を押すのです。水は沸騰して水蒸気になると体積が増え、１７００倍にも広がります。

餅がよくのびるのは、主成分であるでんぷんの分子が、枝分かれをしたような形をしているためです。ついたりねったりすることで、枝が絡み合いつながって、切れにくくなります。乾燥させた餅は枝が縮んだ状態ですが、熱を加えると枝の間の水分が水蒸気になり、柔らかく膨れ、よくのびる餅にもどります。

みずの つぶは どうして まるくなるの？

あめあがり、はっぱの うえに
まんまるな ちいさな みずの
たまを みつけたよ。どうして
まるい かたちを しているのかな。

あめが ふったあと、はっぱの うえに
まるい みずの つぶが のっているのを
みたことが あると おもいます。
みずが まるくなるのは、
みずを つくっている、めに みえないほどの
ちいさな つぶ（みずぶんし↓65ページ）が おたがいに
つよく ひっぱりあっているからです。
みずぶんしは、ばらばらに
ならないように ぎゅっと くっついて、
できるだけ ちいさくなっていようと
しています。
まるい みずの つぶは、
みずを はじく レインコートや かさ、
おふろの ゆぶねの うえなどでも
みられます。

みずぶんしと
みずぶんしが
ひっぱりあう
ちから
いちばん そとがわの ぶんしは、
そとがわには ひっぱられず
なかのほうにだけ
ひっぱられるので、
みずの つぶは
まるく まとまる。
みずぶんし
みずの つぶ

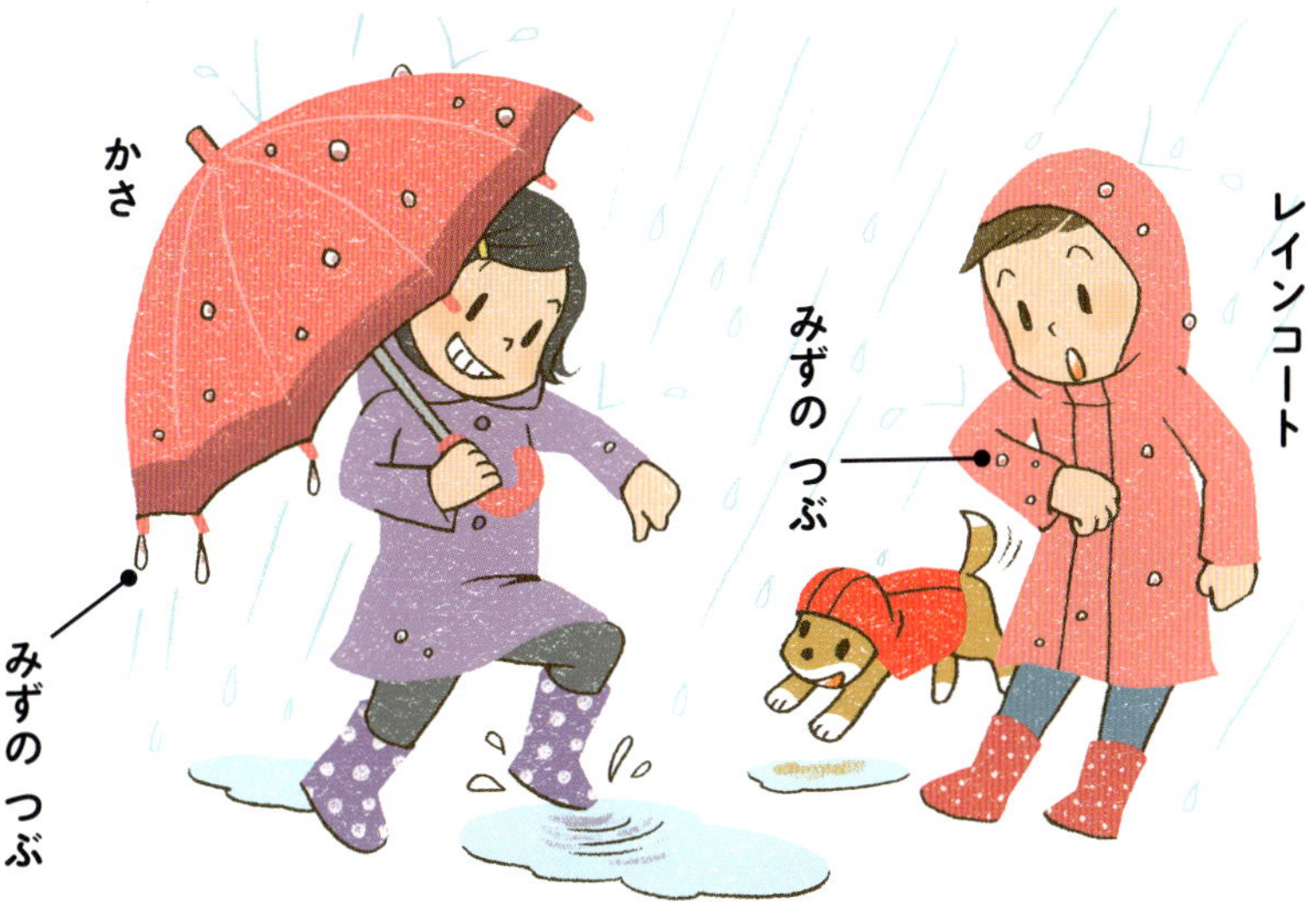
かさ
みずの つぶ
レインコート
みずの つぶ

ゆぶね
みずの つぶ

こぼれない コップの みず

コップに いっぱいに いれた みずの ひょうめんが もりあがって こぼれないのも、おたがいに ひっぱりあう みずぶんしの ちからに よるものです。もりあがった ところは まるくなり、なかなか こぼれません。

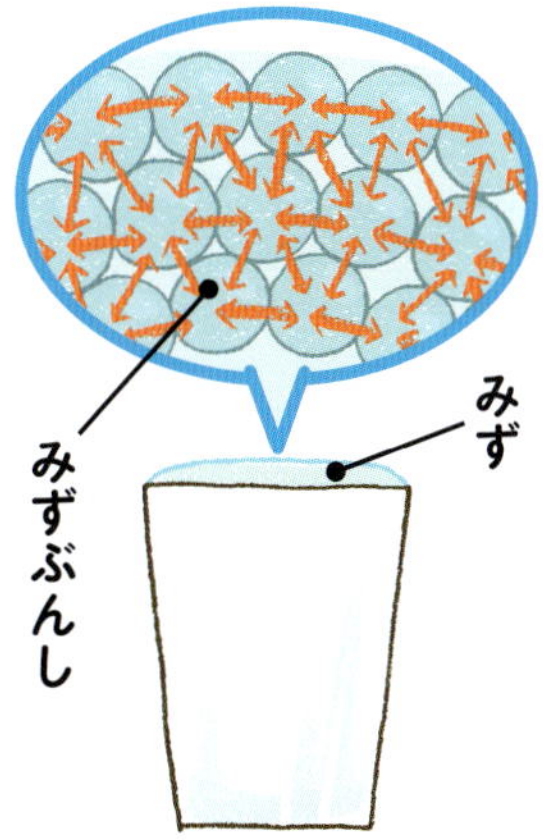
みず
みずぶんし

おうちのかたへ

水滴が丸くなるのは、「表面張力」のためです。水の内部にある水分子は、ばらばらにならないように互いに引き合っています。しかし、水の表面にある分子は、内部から引っ張られるだけで、空気（気体）に触れている側には引っ張られません。その結果、水滴は液体の表面積が一番小さい球形になるのです。

シャボン玉が丸くなることにも表面張力が関わっています。水は小さくまとまろうとする力が強いので、水だけで膨らませようとしてもシャボン玉は割れてしまいます。水に洗剤を混ぜると、洗剤の分子が水の分子をおおうため、表面張力が弱まり、うすい膜をつくることができます。

ふゆに まどが しろく くもるのは なぜ?

さむい ふゆ、まどが しろくなって そとが みえなくなることが あるね。よごれちゃったのかな。なにが ついているんだろう。

しろく くもった まどに ゆびで えを かくと、さわったところだけ くもりが とれて きれいに なり、ゆびには みずが くっつきます。

まどの くもりは、こまかい みずの しずく (すいてき) が、まどの ひょうめんに ついて できたものです。このみずの しずくは、もともと へやの くうきのなかに あったものです。

まどガラス
みずの しずくは とてもちいさいため、まどガラスは しろく くもって みえる。

くうきのなかには、
すいじょうき（↓44ページ）と いう
めに みえないくらいの
ちいさな みずの つぶが
とんでいます。
みずは、あたためられると
すいじょうきに かわり、
ひやされると みずに もどります（↓64ページ）。
あたたかい へやのなかでは、
すいじょうきは くうきのなかを
うごきまわっています。
ところが、つめたい まどガラスに
あたると、すいじょうきが ひやされて
みずに なります。
まどガラスの ひょうめんに
つぎつぎに みずが たまるため、
しろく くもって みえるのです。

あたたかい いえのなかでは、
たくさんの すいじょうきが
くうきのなかを とんでいる。
つめたい そとでは、
すいじょうきは あまり
とんでいない。
みずの しずく
まどガラス
すいじょうき
つめたい まどガラスに
あたると、すいじょうきは
ひやされて みずに なる。

おうちのかたへ

空気中に含むことのできる水蒸気の量（飽和水蒸気量）は温度で変わります。温度が高いほど多くの水蒸気を含むことができ、温度が低くなると飽和水蒸気量を越えた分の水蒸気は水滴に変わります。冬は屋内と屋外の温度差が大きく、暖かい空気が冷たい窓ガラスに当たって冷やされることで、空気中の水蒸気が水滴となって窓につくのです。暖かい屋内に入るとメガネがくもったり、冷たい飲み物を入れたコップの表面に水滴がついたりするのも同じ原理です。

このように、空気中の水蒸気が冷やされ、水滴になってガラスの表面などにつくことを、結露といいます。

こおりに さわると ゆびに くっつくのは なぜ？

れいとうこから だした こおりを さわったら、ゆびに ぴたっと くっついちゃって、びっくりしたよ。どうして くっついたんだろう。

こおりは みずが つめたくなって かたまったものです。あたたかいところに おいておくと、とけて みずに なり、ひやせば また こおりに なります。

0《れい》どより たかい おんどだと みずに なる。
みず

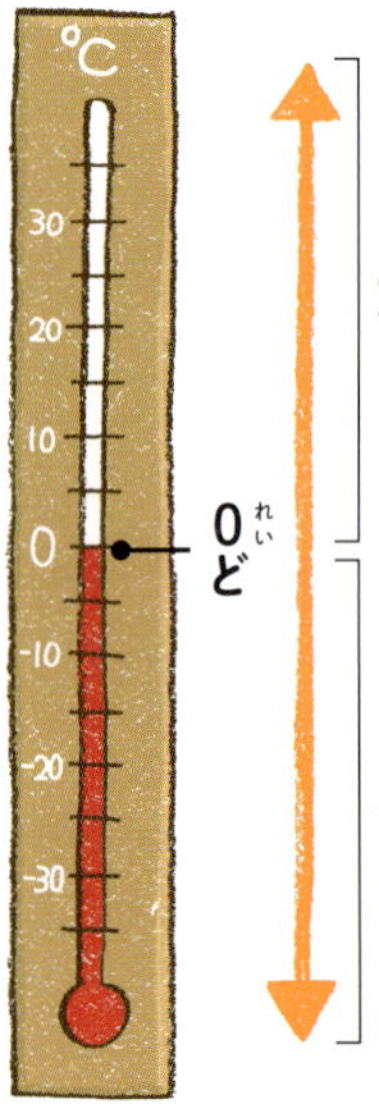
℃
30
20
10
0
-10
-20
-30
0《れい》ど
みず
こおり

0《れい》どより ひくい おんどだと こおりに なる。
こおり

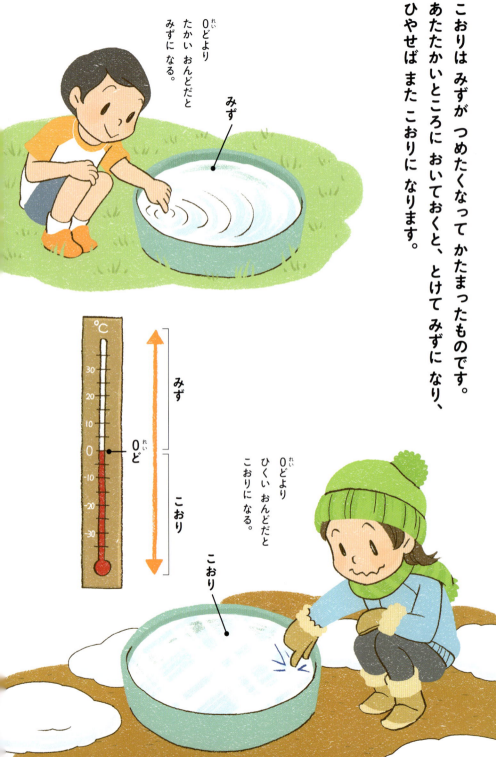

れいとうこのなかは 0《れい》どよりも
ひくい おんどです。
れいとうこから だしたばかりの
こおりを ゆびで さわると、
ゆびの あたたかさで
さわったところが すこし とけて、
みずに なります。
でも、こおりのなかは
0《れい》どより ひくいので、
また すぐに ひやされて
こおってしまい、
ゆびと こおりを
くっつけてしまうのです。

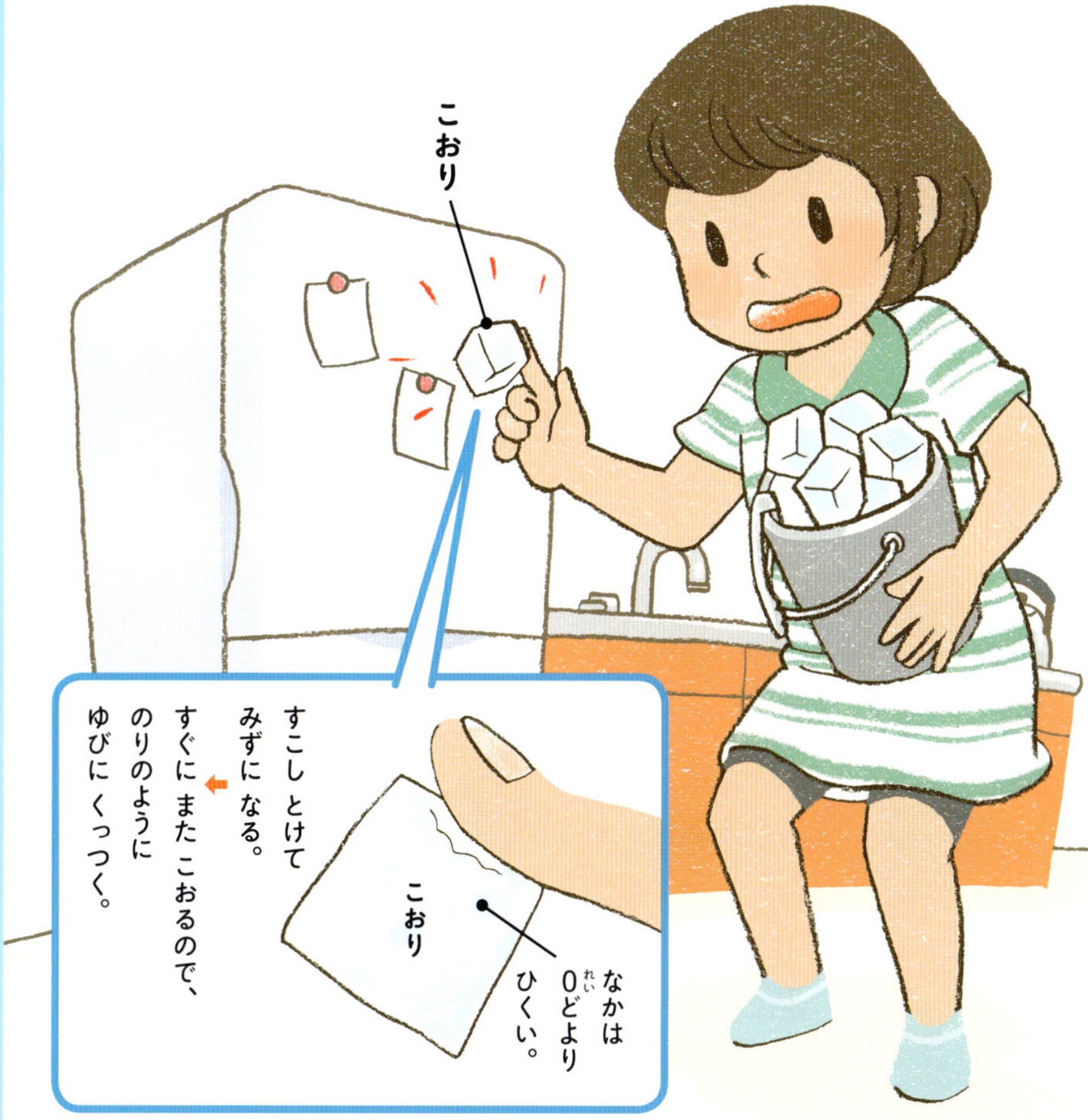
こおり
なかは 0《れい》どより ひくい。
こおり
すこし とけて みずに なる。
すぐに また こおるので、 のりのように ゆびに くっつく。

おうちのかたへ

水は0度を境に液体（水）から固体（氷）へと姿を変えます。これは、温度が低いほど水の分子の動きが鈍くなり、0度になると結合を強めるためです。冷凍庫は、一般的にマイナス18度ほどの設定です。冷凍庫に入れた水は0度まで冷えて氷になり、やがて冷凍庫内と同じ温度になります。冷凍庫から出してすぐの氷に触れて、その表面が少し溶けても、氷が0度よりかなり低い温度のため、すぐに冷やされ再び凍ります。そのとき、水は指紋の溝にも入り込み凍るので、ぴったりと指と氷がくっついてしまうのです。これを無理に引っ張ると、皮膚がはがれることもあるため、水をかけて取りましょう。

みずに とけた さとうや しおは どこに きえたの？

みずに さとうや しおを いれて
ぐるぐる かきまわすと、
みえなくなっちゃうね。
てじなみたいで ふしぎだね。

みずに いれた さとうや しおが
みえなくなっても、さとうや しおは、
なくなってしまったわけでは
ありません。
さとうや しおの ひとつぶは、
めに みえないくらいの
ちいさな つぶが あつまったもので、
みずのなかに いれると、
ばらばらに なり、とけます。
そのため、しおを とかした
みずは しょっぱく、
さとうを とかした みずは
あまいのです。

しおを とかした みず
さとうを とかした みず
さとう
しお
ひとつぶの しお
えんかぶつイオン
ナトリウム イオン
しおの ひとつぶは、めに みえないくらいの ちいさな えんかぶつイオンと ナトリウムイオンの ひとくみが たくさん あつまったもの。

しおを みずに いれると

しおを みずに いれると、しおは めに みえない くらいの ちいさな つぶに なって、みずのなか いっぱいに ひろがる。

しおは、みずのなかで、えんかぶつイオンと、ナトリウムイオンに わかれる。

おうちのかたへ

さまざまな物質を溶かすのは、水の性質のひとつです。透明なコップの水に、砂糖や塩を入れると、ゆらゆらと溶けていく様子が見られます。砂糖や塩が水の中で小さい粒子になるのは、水分子のすきまに砂糖や塩が入っていって、水分子の電気的な影響により、砂糖ならば砂糖の分子ひとつひとつに、塩ならばナトリウムイオンと塩化物イオンそれぞれに、引き離されるからです。ばらばらになった砂糖の分子や、ナトリウムイオン、塩化物イオンは、水分子の間を移動し、全体に広がります。

砂糖や塩が水の中でなくなっていないのは、水が蒸発すると、砂糖や塩が残ることからもわかります。

くうきって なにで できているの？

くうきって なんだろう。
みえないし、においも ないけれど
いきものが いきていくために
たいせつなものなんだって。

わたしたちの まわりには くうきが あります。
くうきは、めに みえませんが、
たくさんのものから できています。
にんげんや どうぶつが いきを して
からだに とりいれているものを さんそと いい、
くうきのなかに あるものの ひとつです。
いきを はくときに だすものは、
にさんかたんそや すいじょうき（⬇44ページ）などで、
これも くうきのなかに あるものです。
いちばん たくさん あるのは、
ちっそと いうものです。
ほかにも すこしずつ
いろいろなものが はいっていて、
ぜんぶが まざりあって
くうきに なっているのです。

くうきの なかみ
ちっそ
アルゴン、
にさんかたんそ、
すいじょうき、
ネオン、ヘリウムなど
くうきは
においも しないし、
めにも みえない。
さんそ

ひとも どうぶつも しょくぶつも、まいにち さんそを すって
にさんかたんそを はいて います。
そのほかに、しょくぶつは にさんかたんそを
からだに とりいれ、さんそを だすと いう
はたらきも して います。
ちきゅうが にさんかたんそばかりに ならないのは、
どうぶつと しょくぶつとの あいだで、
さんそと にさんかたんその
バランスが
とられて いるからです。

しょくぶつ
にさんかたんそを とりいれ さんそを だす。
さんそ
にさんかたんそ
どうぶつ
さんそを とりいれ にさんかたんそを だす。

おうちのかたへ

空気は、いくつもの気体の集合体です。およそ78パーセントを窒素、21パーセントを酸素が占め、残りの1パーセントにアルゴン、二酸化炭素、水蒸気、ネオン、ヘリウム、クリプトン、キセノン、水素、メタンなどが含まれています。人の呼吸の際、空気を吸って吐いた息の中は、酸素の割合が16パーセントに下がり、二酸化炭素の割合が5パーセントほどに上がります。

植物は、動物と同じように酸素を取り込む呼吸をしていますが、あわせて昼間は、でんぷんをつくるため二酸化炭素を取り込み、酸素を出す光合成もしています。動物や植物による呼吸と光合成によって、地球上の空気のバランスが保たれています。

ふうせんは どうして うくの？

おみせで かった ふうせんは、
ふわふわと うくね。
じぶんで ふくらませた ふうせんは
うかないのに、ふしぎだね。

ふわふわと うかぶ ふうせんの
ひみつは、なかみに あります。
ヘリウムと いう とても かるい
ガスが はいって いるのです。
このガスは、くうきと
くらべても かるいので、
くうき（↓56ページ）の うえに うかびます。
みずより かるい ものが、
みずの うえに うくのと
おなじです。
じぶんで ふくらませた
ふうせんの なかみは
はいた いきです。
いきの なかみは、
くうきより すこし おもいので、
ふうせんは うきません。

ヘリウムガスの はいった ふうせん

ヘリウムガスは、
くうきより かるいので、
うきあがり、うえに のぼる。

あたためた くうきは かるい

くうきは あたためると かるくなります（↓60ページ）。
ねつききゅうは、おおきな ふうせんの したで ひを もやし、くうきを あたため、かるくなった くうきを ふうせんに たくさん ためることで、そらに うかびます。

はいた いきの はいった ふうせん

はいた いきには すいじょうき（↓44ページ）や にさんかたんそ（↓56ページ）などが はいっているため、したに しずむ。

おうちのかたへ

空気にも重さがあり、普通、1リットルあたりおよそ1.2グラムです。一方、ヘリウムは1リットルあたりおよそ0.18グラムしかありません。膨らませた風船の重さとヘリウムの重さを足し、同じ体積の空気の重さより軽くなると風船が浮かびます。時間が経つと浮く力が弱くなるのは、風船の表面に目に見えない微小な穴があり、そこからヘリウムガスが少しずつ抜けるためです。

空気は暖めると膨張し、密度が下がって単位体積あたりの重さが軽くなります。火を使って空気を暖め空を飛ぶ熱気球は、これを利用した乗り物です。また、空気よりも軽いヘリウムガスを使ったガス気球という気球もあります。

やまの うえは どうして さむいの?

かぞくで やまのぼりを したよ。
なつなのに、やまの うえは
とても ひんやりして さむかった。
どうして こんなに さむいのかな。

やまの うえは、やまの したよりも さむく、なつでも ゆきが とけないことが あります。

たいようの ひかりは じめんを ちょくせつ あたため、じめんの ちかくの くうきを あたためます(➡80ページ)。あたためられた くうきは、かるくなって そらへ のぼって いきます。

たいようの ひかりに よって あたためられた じめんの ねつが、くうきに つたわる。
たいようの ひかり
やまの した
あつい
すずしい
くうき
ねつ
じめん

そらの たかいところほど、
まわりの くうきは
うすくなります。
そらに のぼった
あたたかい くうきは、
まわりの うすい くうきを
おすように ふくらみます。
ふくらむとき、
エネルギー（→10ページ）を つかうため、
そのぶん くうきは
ねつを うしないます。
そのため、やまの うえは
やまの したよりも
さむいのです。

やまの うえの つめたい くうきは、
やがて じめんに おりてきます。
これを たいりゅうと いいます。

さむい
やまの うえ
たかくなれば なるほど、
くうきが ふくらみ、
くうきの もつ ねつが
うしなわれる。
ねつを うしなって
ひえた くうきは、
じめんへと おりてくる。
それに かわって あたたかい
くうきが そらに のぼっていく。
ひえた くうき
あたたかい くうき

おうちのかたへ

地面の熱によって暖められた空気は膨張し、周囲の冷たい空気より軽いため、空へのぼっていきます。空気がのぼるにつれ、周囲の気圧が下がるため、空気はさらに膨張します。このとき、空気は自身の熱エネルギーを使って膨張するため、熱が失われて温度が下がります。山の上のような高いところで気温が下がるのは、そのためです。

冷たくなった空気は、やがて縮んで重くなり、地面に降りていきます。それに代わって、地面付近の暖かい空気は、空へのぼっていきます。これを対流といい、空気が対流する層を対流圏といいます。

かぜは どこから ふいてくるの？

そよそよと やさしく ふく かぜや
ビューッと つよく ふく かぜ。
いろいろな かぜが あるけれど、
かぜって どこから ふいてくるんだろう。

つよい かぜに ふかれると
からだを おされるように かんじます。
くうきが からだに ぶつかって
からだを おしているからです。
かぜは くうきが ながれることで おこります。
くうきは あたたかくなると
かるくなって ちじょうから そらへ のぼります（➡60ページ）。
いっぽう、ちじょうの あいたところには
つめたい くうきが ながれこんできます。
このように、おんどの ちがいで くうきが ながれ、
それが かぜに なるのです。

たとえば、うみと りくとで くうきの おんどが ちがうと、かぜが おこります。

ひる

たいよう
たいようの ひかりが あたると、うみと りくとでは、りくのほうが はやく あたたまり、くうきが そらへ のぼる。そこに、うみからの つめたい くうきが ながれこみ、かぜに なる。
あたたかい くうき
かぜ
つめたい くうき
うみ
りく

よる

うみと りくとでは、うみのほうが ひえにくく、あたたかいので、くうきが そらへ のぼる。そこに、りくからの つめたい くうきが ながれこみ、かぜに なる。
つめたい くうき
かぜ
あたたかい くうき
うみ
りく

おうちの かたへ

空気は暖められると膨張して上昇します。空気が上昇した後の空間には、まわりから空気が流れ込み風が生まれます。これを対流といいます。対流が起こると、やがて空気や水の温度が均一になります。例えば、暖房した室内では、部屋の上のほうに暖かい空気が集まるので、扇風機などで空気をうまくかき混ぜると、部屋全体を満遍なく暖めることができます。

高気圧、低気圧の間でも風が起こります。高気圧は気圧が高い（周囲より空気が濃い）地域のことを指します。一方、低気圧は、周囲より気圧が低い（空気がうすい）ため、高気圧から低気圧に向かって空気が流れ込み、風が起こるというわけです。

みずに かんけいする ことば①

みずの さんたい
水の三態

みずが おんどによって、こたい、えきたい、きたいに すがたを かえること。
みずとは ふつう、えきたいの すがたのことを いう。

（➡44ページ、➡46ページ、➡50ページ、➡52ページ）

こたい
みずが ひやされて かたまり、こおりに なったもの。

えきたい
ふつうの みずの すがた。

きたい（ガス）
みずが あたためられて めに みえないくらいの ちいさな みずの つぶ（すいじょうき）に なったもの。

こおり
あたためる
ひやす
みず
あたためる
ひやす
すいじょうき

じょうはつ
蒸発

みずが そとがわ（ひょうめん）から きたい（すいじょうき）に かわること。
すいじょうきは くうきのなかに ある。

（➡44ページ）

すいじょうき
みずたまり

ふっとう
沸騰

みずが ねっせられて とても あつくなり、ひょうめんからだけで なく、うちがわからも きたいに かわり、あわと なって でてくること。
みずは 100どで ふっとうする。

あわ

みずに かんけいする ことば②

ほうわすいじょうきりょう
飽和水蒸気量

くうきが ふくむことの できる すいじょうきの りょう。くうきが あたたかいほうが すいじょうきを たくさん ふくむことが できる。

（↓50ページ）

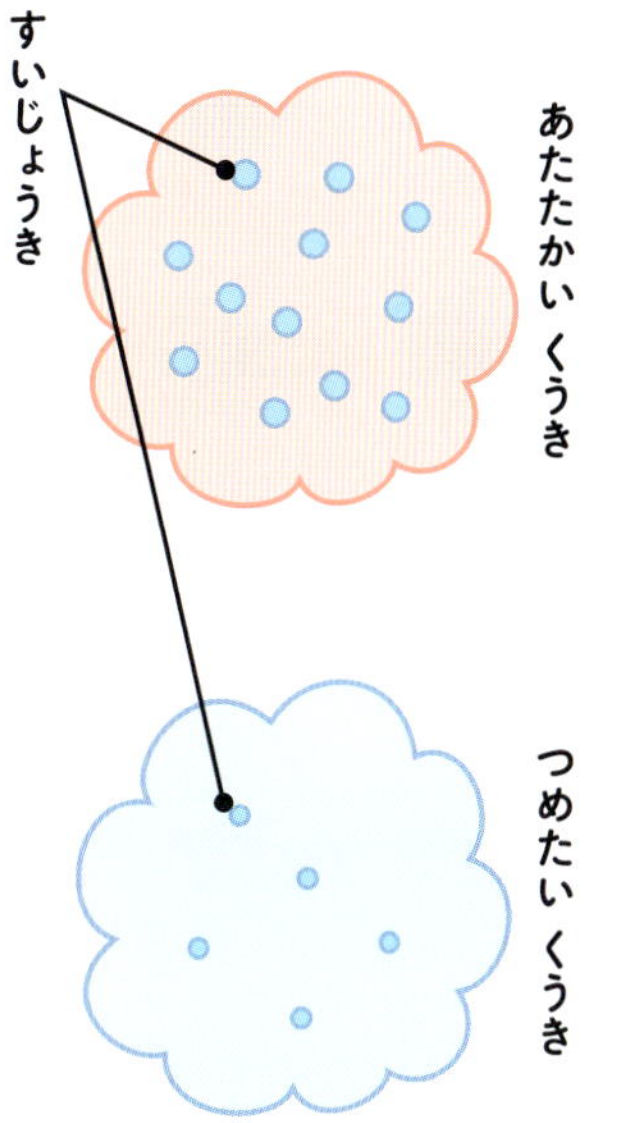

あたたかい くうき
すいじょうき
つめたい くうき

しつど
湿度

くうきが どれくらい すいじょうきを ふくんでいるかを すうじで あらわしたもの。すいじょうきを たくさん ふくんでいると、しつどが たかくなり、じめじめと かんじる。

……

（↓50ページ）

けつろ
結露

あたたかい くうきのなかに ある すいじょうきが まどガラスなどに くっつき、ひやされて すいてきに なること。

けつろ

（↓50ページ）

みずぶんし
水分子

みずを つくっている めに みえないくらい ちいさな つぶ。たくさん あつまると、えきたいの みずに なる（↓130ページ）。

（↓48ページ）

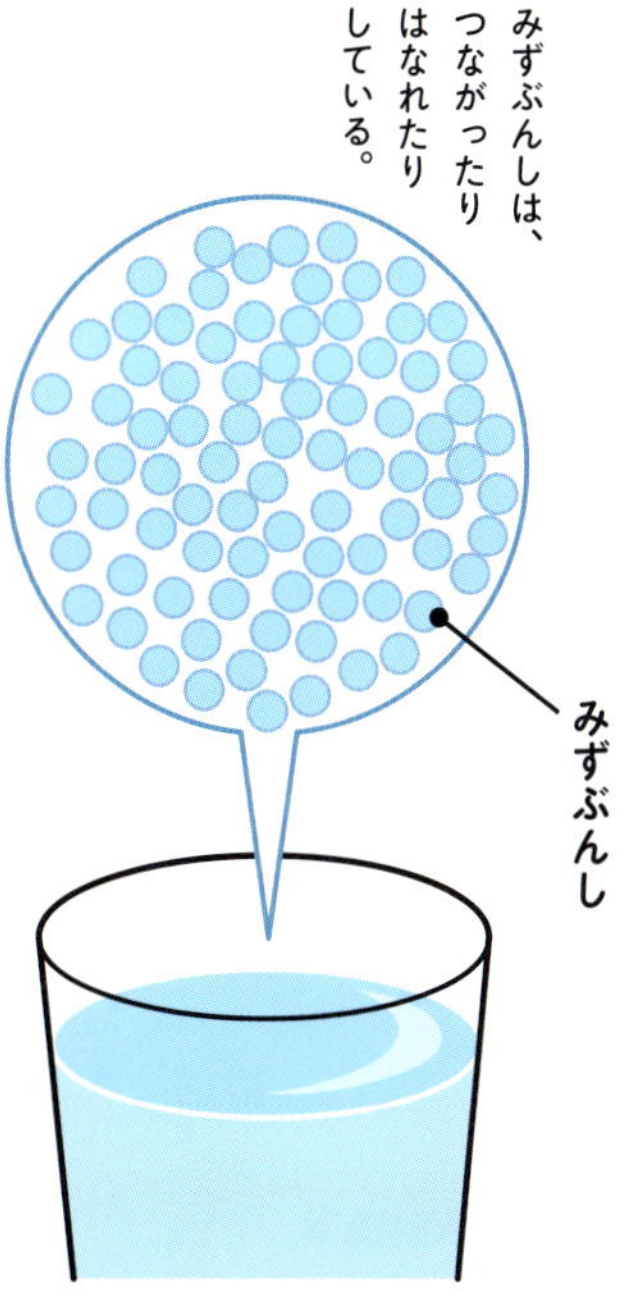

みずぶんしは、つながったり はなれたり している。
みずぶんし

ひょうめんちょうりょく
表面張力

みずの そとがわの ぶんしが おたがいに くっついて、できるだけ ちいさくなって いようと する ちから。ひょうめんちょうりょくが はたらくため、みずの つぶは まるくなる。

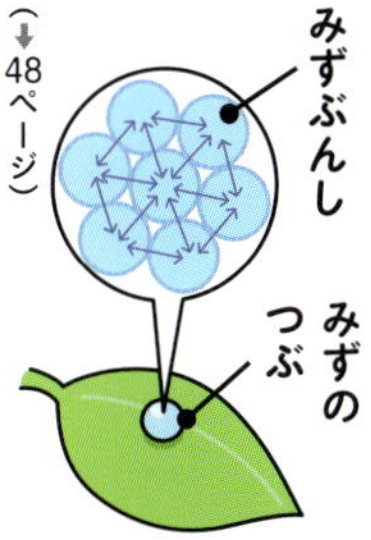

みずぶんし
みずの つぶ

（↓48ページ）

ようかい
溶解

みずに しおや さとうなどが とけて ぜんたいが おなじように まざりあうこと。みずに とけたものは ばらばらに なって めに みえないくらい ちいさくなる。

しお
しおみず

（↓54ページ）

くうきに かんけいする ことば

くうき
空気

みの まわりに ある きたい。
いろや においが ない。
ちっそや さんそなど、
いろいろな きたいが
まざって できている。

いきを すうとき、
からだに くうきのなかの
さんそを とりこむ。

(➡56ページ)

きあつ
気圧

くうきが ものを おす ちから。
くうきには おもさが あり、
ひとや ものは いつも
くうきに おされている。
くうきが たくさん あることを、
きあつが たかいと いい、
くうきが すくないことを、
きあつが ひくいと いう。

(➡60ページ)

やまの うえは
やまの したよりも、
くうきが すくない
(うすい) ため、
きあつが ひくい。

おんど
温度

あたたかさや つめたさを
すうじで あらわしたもの。
おんどけいで はかる。
くうきの おんどは、
きおんと いう。

きおんが たかいと
あつい。

(➡60ページ)

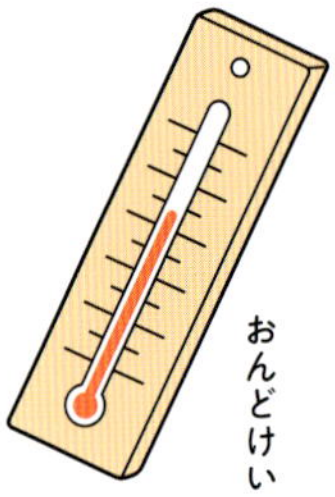

きおんが ひくいと
さむい。

かぜ
風

くうきの ながれ。
おんどの ちがいや
きあつの ちがいで
かぜが うまれる。

(➡62ページ)

かぜは
つめたいほうから
あたたかいほうへ
ふく。

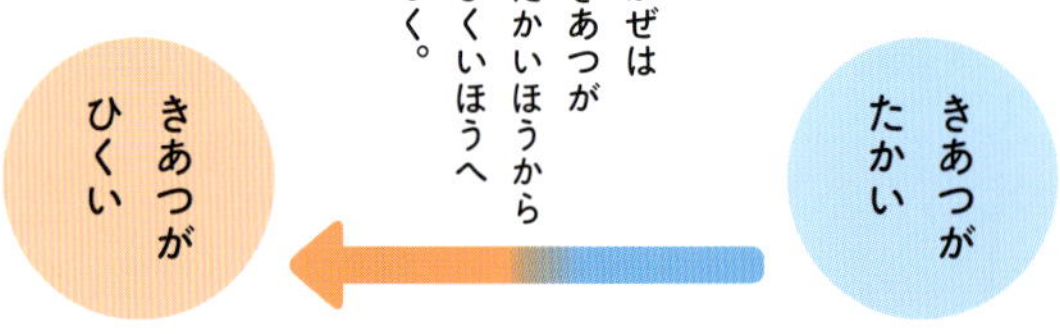

かぜは
きあつが
たかいほうから
ひくいほうへ
ふく。

4

ひかり・ねつ・おと・でんき

そらは どうして あおいの？

よく はれた ひの あおい そらは
とても きれいで きもちいいね。
どうして そらは
あおく みえるのかな。

はれた ひの そらは、きれいな
あおい いろを しています。
そらには、くうき（→56ページ）が ありますが、
くうきに いろは ありません。
そらの いろは、
たいようの ひかりの いろです。
たいようの ひかりには、
あかから あおまで さまざまな
いろが まざって います。
ひかりは、そらの くうきの つぶに
ぶつかると、あたりいちめんに
ちらばって すすみます。
なかでも、あおい ひかりは より
ちらばりやすく、ちじょうに いる
ひとの めに たくさん とどくため、
そらは あおく みえるのです。

おうちのかたへ

太陽の光は、電磁波と呼ばれる波長の一部で、人の目にも見えるため、可視光線と呼ばれます。可視光線は、波長の長いほうから赤、橙、黄、緑、青、藍、紫で、波長の短いほうが、空気の層で散らばりやすい性質を持っています。最も波長が短い紫色の光が、一番多く空に散乱しているにもかかわらず、空が紫色に見えないのは、人の目の構造が、可視光線の波長の青、緑、黄色などの光をより鮮明に捉えるようにできているためです。

太陽の光は、とても強い光です。直接見ると、失明のおそれがあるため、決して見ないようにしましょう。

たいよう
うちゅう
そらの うえには、
うちゅうが ひろがっている。
うちゅうは、くうきが ないため、
ひかりは まっすぐ すすむ。
たいようの ひかり
しろっぽく みえるが、
さまざまな いろの ひかりが
まじっている。
あおい ひかり
くうきの つぶに ぶつかって そらに
ちらばるので よく みえる。

にじは どうして できるの？

あめが ふったあとには、きれいな にじが でることが あるね。にじの いろは、ななつ あるって ほんとうなのかな。

あめが ふったあと、にじが そらに あらわれることが あります。あめが ふったあとの そらには、ちいさな みずの つぶが たくさん うかんでいます。このみずの つぶに たいようの ひかりが あたって にじが できます。

たいようの ひかりには、いろいろな いろが まざっています。ひかりは みずの つぶのなかを とおりぬけるとき、ひかりの いろごとに ちがう ほうこうに まがるので、いろいろな いろに わかれます。

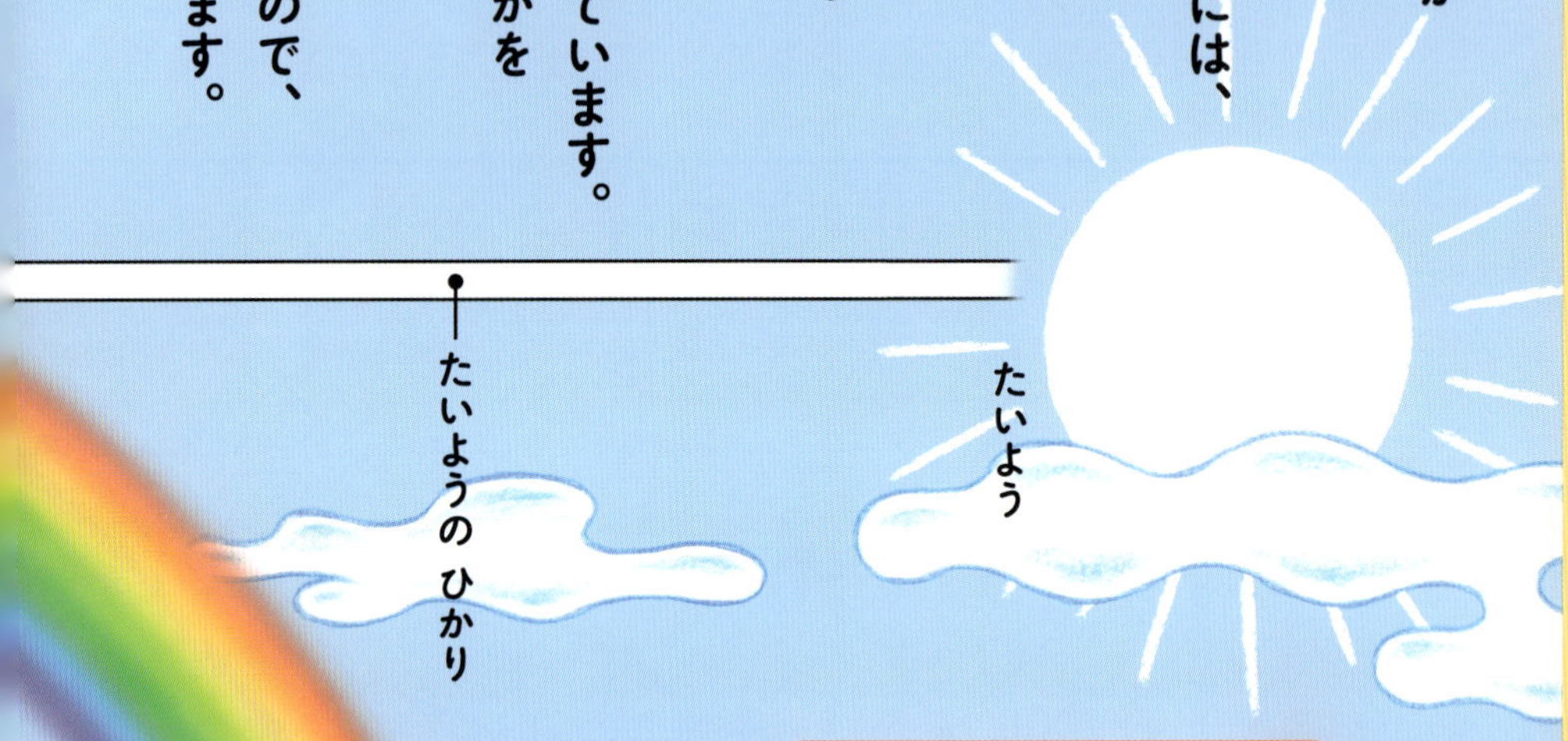

にじの いろ

にじの いろの さかいめは はっきりとは していません。あかから だいだいいろ、だいだいいろから きいろへと すこしずつ いろが かわっていきます。

さまざまな いろに
わかれた ひかりが、
わたしたちの めに
とどいて、
にじに みえるのです。

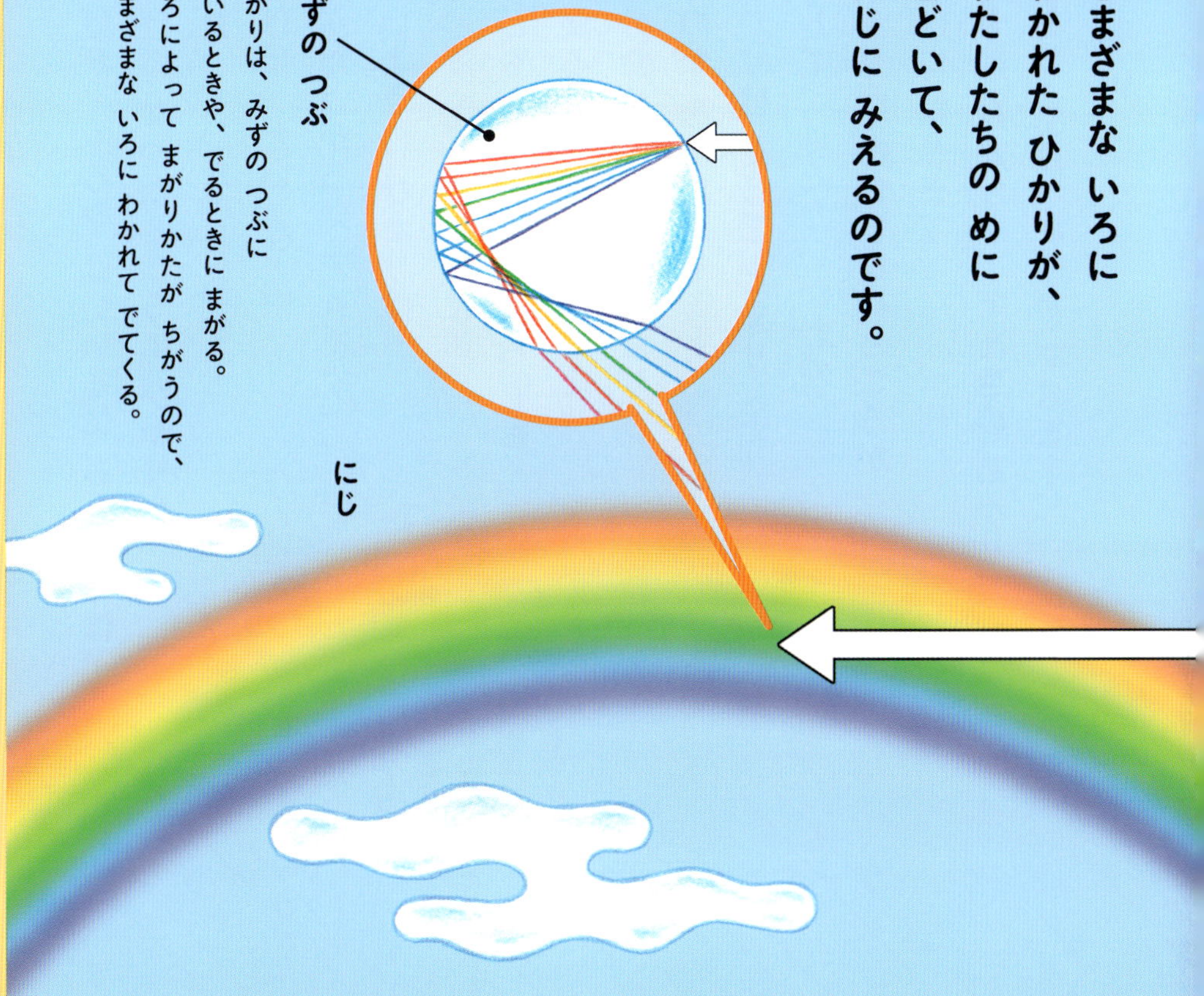

ひかりは、みずの つぶに
はいるときや、でるときに まがる。
いろによって まがりかたが ちがうので、
さまざまな いろに わかれて でてくる。

はれた ひに
ホースで
みずを まくと、
おなじように
にじが できる
ことが ある。

おうちのかたへ

虹は、太陽の光が空気中の水の粒に当たってその中に入るとき、光が曲がる「屈折」によってできます。屈折率は波長によって異なるため、光が、それぞれの色に分かれて見えます。ただ人の目に見えるすべての色は、色ごとの明確な区別はなく、グラデーションのようにさまざまな色が連続して見えます。

日本では虹の色は「赤・橙・黄・緑・青・藍・紫」の7色といわれていますが、アメリカやイギリスでは、赤・橙・黄・緑・青・紫の6色、ドイツでは赤・橙・黄・緑・青の5色といわれています。虹の色は連続しているため、虹の色をどう数えるかは、国によって違うようです。

かげは どうして できるの？

てんきの いい ひには、じめんに
じぶんの かげが はっきり
みえることが あるね。
どうして かげが できるのかな。

かげが、くろや はいいろに みえるのは、
かげに なったところに ひかりが
あたっていないためです。
かげは、たいようの
はんたいがわに できます。
たいようの ひかりは
まっすぐに すすむため、
ひとや ものに ぶつかっても
まがることは できません。
そのため、ひとが いたり
ものが あったりすると、
ひかりは そこで とまります。
そして、はんたいがわの
ひかりが あたらないところが
かげに なります。
つきの ひかりや、でんきの あかりでも
おなじように かげが できます。

たいようの ひかり
ひかりは まっすぐ
すすむので、
ひとが いたり、
ものが あったりすると
そこから さきに
すすめない。
かげ
ひとや ものに
とめられて
ひかりが とどかないので
くろっぽい かげが できる。

あさ、ひる、ゆうがたで かげの ながさが ちがうのは、たいようの たかさが ちがうためです。

あさや ゆうがた

たいようが ひくいところに あると、たいようの ひかりが ななめから あたり、かげが ながくなる。

ひるま

たいようが たかいところに あると、たいようの ひかりが まうえに ちかい ところから あたり、かげが みじかくなる。

かげの かず

ひかりを だすものの かずだけ、かげが できます。ふたつの あかりから ひかりが あたれば、ふたつの かげが できます。

おうちの かたへ

影ができるのは、光が直進する性質を持っているからです。人やものなどの障害物にぶつかった光は、先へ進むことができなくなります。そのため、障害物の反対側に、光の当たらない部分ができ、それが影になります。この光の性質は、太陽光でも電灯などの光でも同じです。影の長さは、太陽など、光を出す光源の位置によって変わります。昼間、太陽が高い位置にあるときは影は短く、夕方など太陽が低い位置にあり、横から光が当たるときは長くなります。夏と冬、特に夏至と冬至の頃で比べると、同じ時刻でも、影の長さはずいぶん違ってきます。

かがみには どうして ものが うつるの？

かがみって ふしぎだね。
ひとの かおだけじゃなく、
へやも けしきも きれいに うつるよね。
どうやって うつしているのかな。

ひとは、まっくらなところでは、
ものを みることが できません。
ひかりが ある あかるいところで、
ものを みることが できるのです。
ひかりは、ものに ぶつかると
はねかえります。
はねかえった ひかりが
ひとの めに とどくことで、
ひとは ものが みえるのです。

はねかえる
りんご
ひかり
りんご
ひかりは、ものに
ぶつかって はねかえる。
はねかえった ひかりが
めに とどいて
ものが みえる。

かがみは、ぶつかった ひかりを はねかえすように つくられています。じぶんの すがたが かがみに うつって みえるのは、かがみに ぶつかって はねかえった ひかりが めに とどいているからです。

ふたつの かがみを あわせると

かがみと かがみを むかいあわせに おき、そのあいだに ものを おくと、かがみのなかに うつったものは、どこまでも つづいて みえます。おたがいに うつっている ものの ひかりを はねかえすと いうことを くりかえしているためです。

ものに ぶつかって はねかえった ひかりが、かがみに ぶつかって はねかえる。はねかえった ひかりが めに とどいて かがみに うつった ものが みえる。

かがみ
おもては つるつるの ガラス。ガラスの うらには、ひかりを よく はねかえす ぎんなどの きんぞくが ぬってある。

おうちのかたへ

私たちは、光がものに当たって反射しているのを見て、ものを認識しています。

鏡の表は光を通す凹凸のないガラスになっていて、裏はアルミニウムや銀など光を反射する金属が塗られているため、鏡に入ってきた光はそのまま反射して、人の目に届きます。

2枚の鏡を合わせたとき、2枚の鏡の間にあるものが、鏡の中に無限に続いているように見えるのは、鏡と鏡の間で反射を繰り返しているためです。ただ、鏡は、入ってきた光をすべてはね返すことはできません。そのため、光が反射するたびに、反射する割合が減り、鏡の奥に見えるものほど暗く見えます。

おゆに いれた ゆびが みじかく みえるのは なぜ？

おふろの ゆぶねに ゆびを いれたら、
あかちゃんみたいに ちぢんで みえたよ。
おゆから ゆびを だしたら もとどおり。
てじなみたいで ふしぎだね。

おふろの ゆぶねのなかに いれた てを みてみると、いつもより、ゆびが みじかく みえます。

ものは、ひかりが あたると めに みえます（↓74ページ）。ゆぶねのなかで みえる ては、おふろの あかり（ひかり）が おゆを とおして てで はねかえったものです。

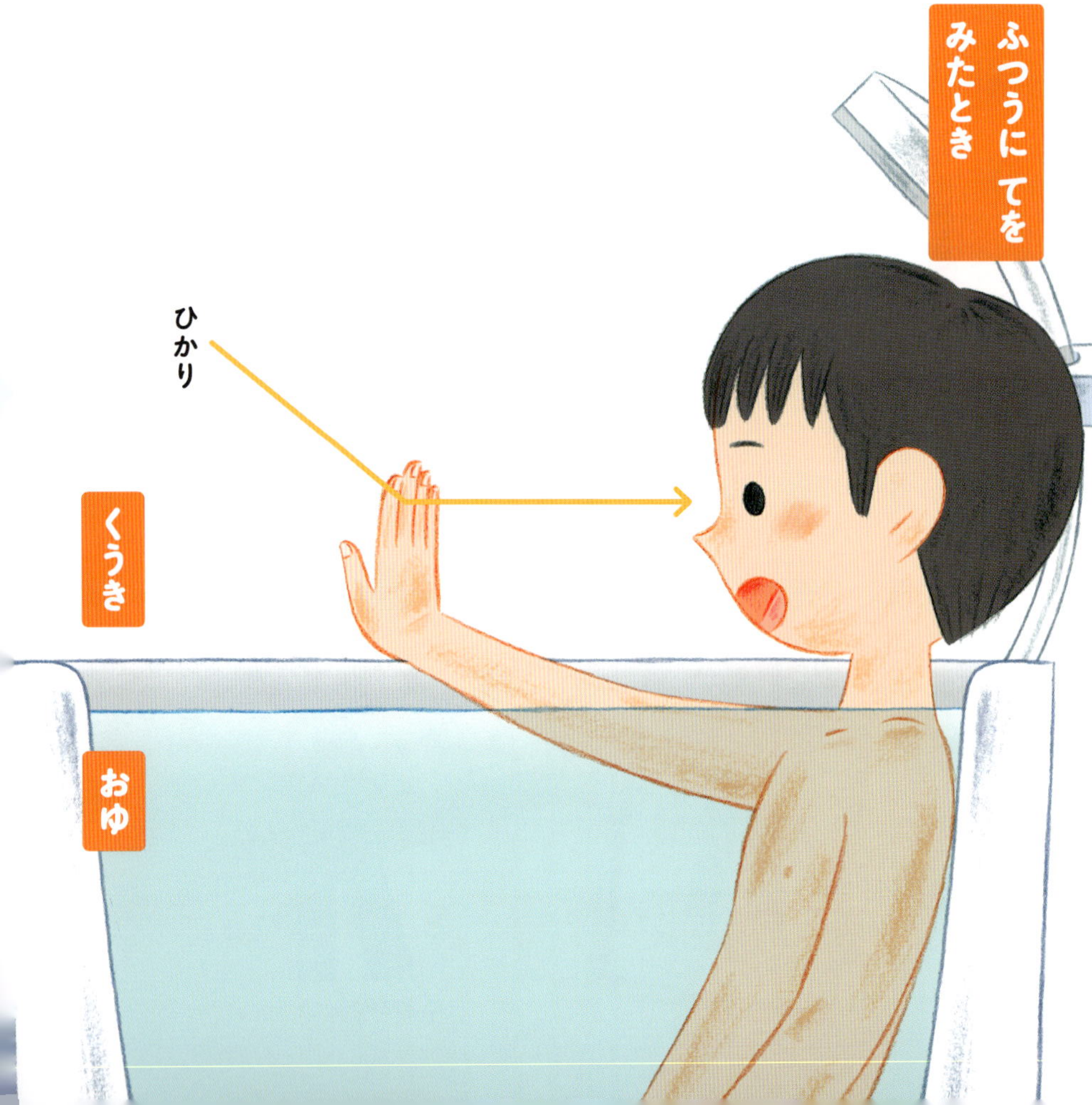

ふつうに てを みたとき
ひかり
くうき
おゆ

ゆびで はねかえった ひかりは、おゆから くうきに でたときに おれまがって すすみます。ひとの めは、ひかりを まっすぐ すすむものと して みるので、ゆびは ほんとうの ながさより みじかく みえるのです。

コップの ストローが まがる わけ

みずを いれた コップに ストローを さしてみると、えのように まがって みえます。これも、ストローで はねかえった ひかりが みずのなかから くうきのなかへ でるとき、おれまがるためです。

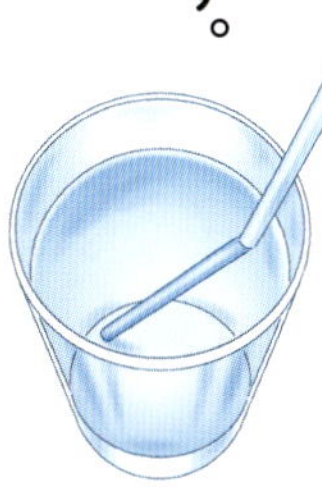

ゆぶねのなかに てを いれて みたとき

めに はいってくる ひかりの さきに、てが あるように みえる。
ひかり
ひとが みえている ての ながさ
ほんとうの ての ながさ

おうちの かたへ

光は、ある物質から別の物質へ入るとき、その境目のところで、進行方向を変える性質があります。これを「光の屈折」といいます。

屈折は、光が境界面に対して垂直に入る場合も起こりますが、斜めから光が入ったときのほうが、よくわかります。

屈折でものが短く見える現象は、いろいろなところで見られます。プールに入っているとき、となりの人の足が短く見えるのも、屈折のためです。また、コインを入れたお椀に水を注ぐと、コインが浮き上がって見えます。手品のようで楽しいので、ぜひやってみてください。

てを こすると あたたかくなるのは なぜ？

さむいと、てが つめたくなるね。
そんなときは てを こすりあわせると、
ぽかぽかしてくるよ。
どうして あたたかくなるのかな。

りょうてを こすりあわせると、
だんだん あたたかくなってきます。
ものと ものが はげしく こすれあうと、
まさつ（→26ページ）によって ねつが でます。
てを こすりあわせる エネルギー（→10ページ）が
ねつに かわるため、
てが あたたかくなるのです。
このように、ものと ものが こすれあったときに
うまれる ねつのことを まさつねつと いいます。
まさつねつが おおきいと、でる ねつも
おおきくなり、とても あつくなります。

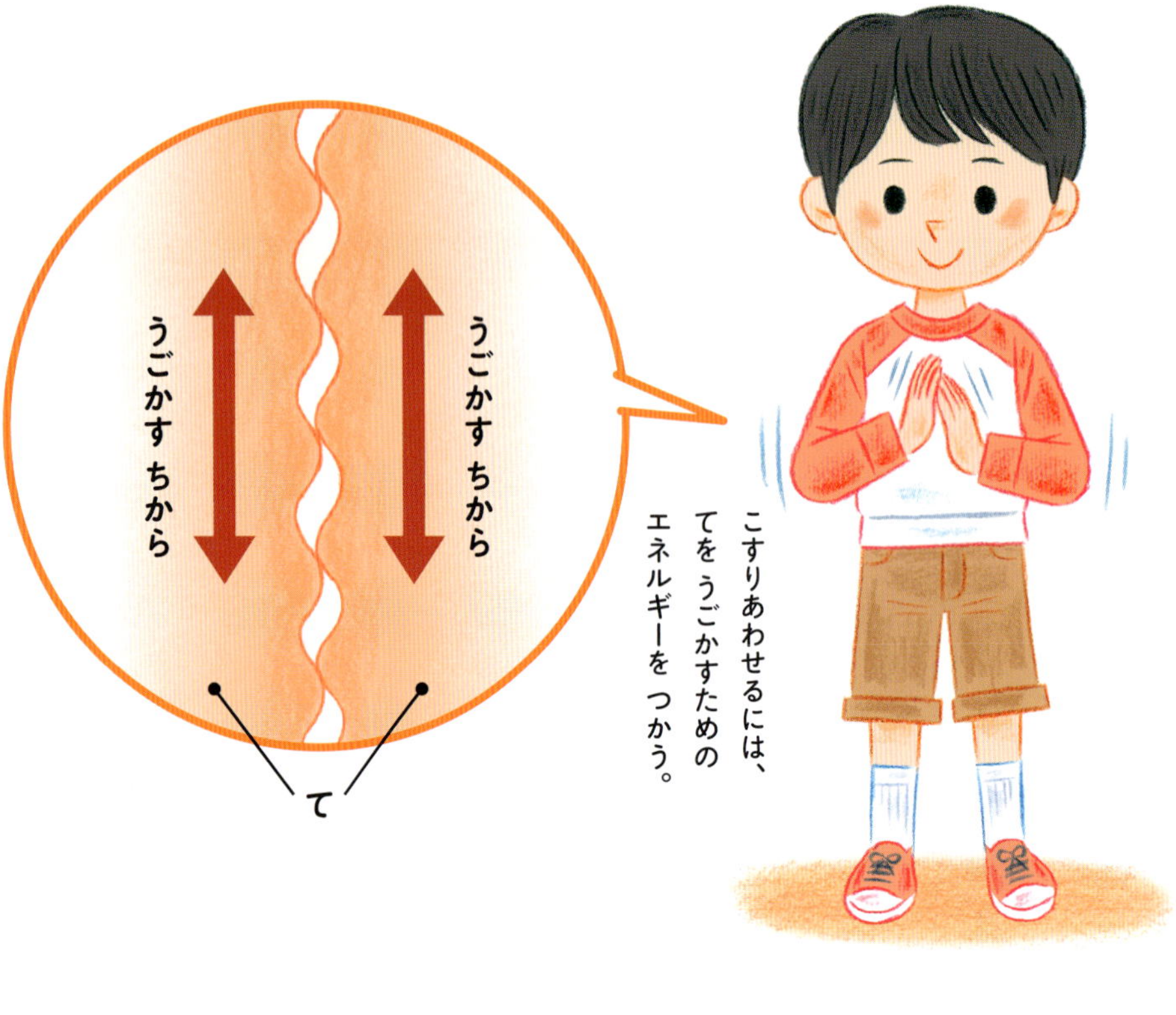

こすりあわせるには、てを うごかすための エネルギーを つかう。

すべりだいを すべって おしりが
あつくなったり、
のぼりぼうから おりるとき、
てが あつくなるのも、
まさつねつによるものです。
まさつねつによって
ひを おこすことも
できます。

すべりだい
すべりだいと
おしりの
あいだに
ねつが でる。

のぼりぼう
のぼりぼうと てのあいだに
ねつが でる。

つなひき
つなと ての あいだに
ねつが でる。

ひおこし
ぼうと きの いたの
あいだに ねつが でる。

おうちのかたへ

手と手をこすり合わせたときに出る熱は、摩擦熱です。木を激しくこすって火をおこすときにも、摩擦熱を利用します。摩擦熱は、運動エネルギーが熱エネルギーに変換されることで生じます(➡11ページ)。

摩擦熱は、外部からエネルギーを受け取り、分子が激しく運動することで起こる熱ですが、80ページで紹介している赤外線も、分子を激しく運動させることで熱を発生させるため、同じしくみであるといえます。

手と手をこすり合わせる場合は、摩擦刺激によって手の血流がよくなり、温かくなるということも考えられます。

ひが あたると あたたかいのは なぜ？

さむい ふゆの ひ、
ひなたぼっこを したら、
とても あたたかかったよ。
なぜ あたたかくなるのかな。

たいようの ひかりが あたっている じめんは、あかるく あたたかくなっています。

たいようの ひかりには、めに みえない せきがいせんと いう ひかりが ふくまれています。せきがいせんは ものに あたると ねつに かわります。たいようの ひかりが だす せきがいせんが じめんに あたって ねつに かわり、じめんを あたためるのです。

ひかげ
ひなた
たいようの ひかりが あたっている ひなたは、ひかりが あたっていない ひかげより あたたかい。
せきがいせんは ひとや じめんに あたって、ねつに かわる。
ねつ

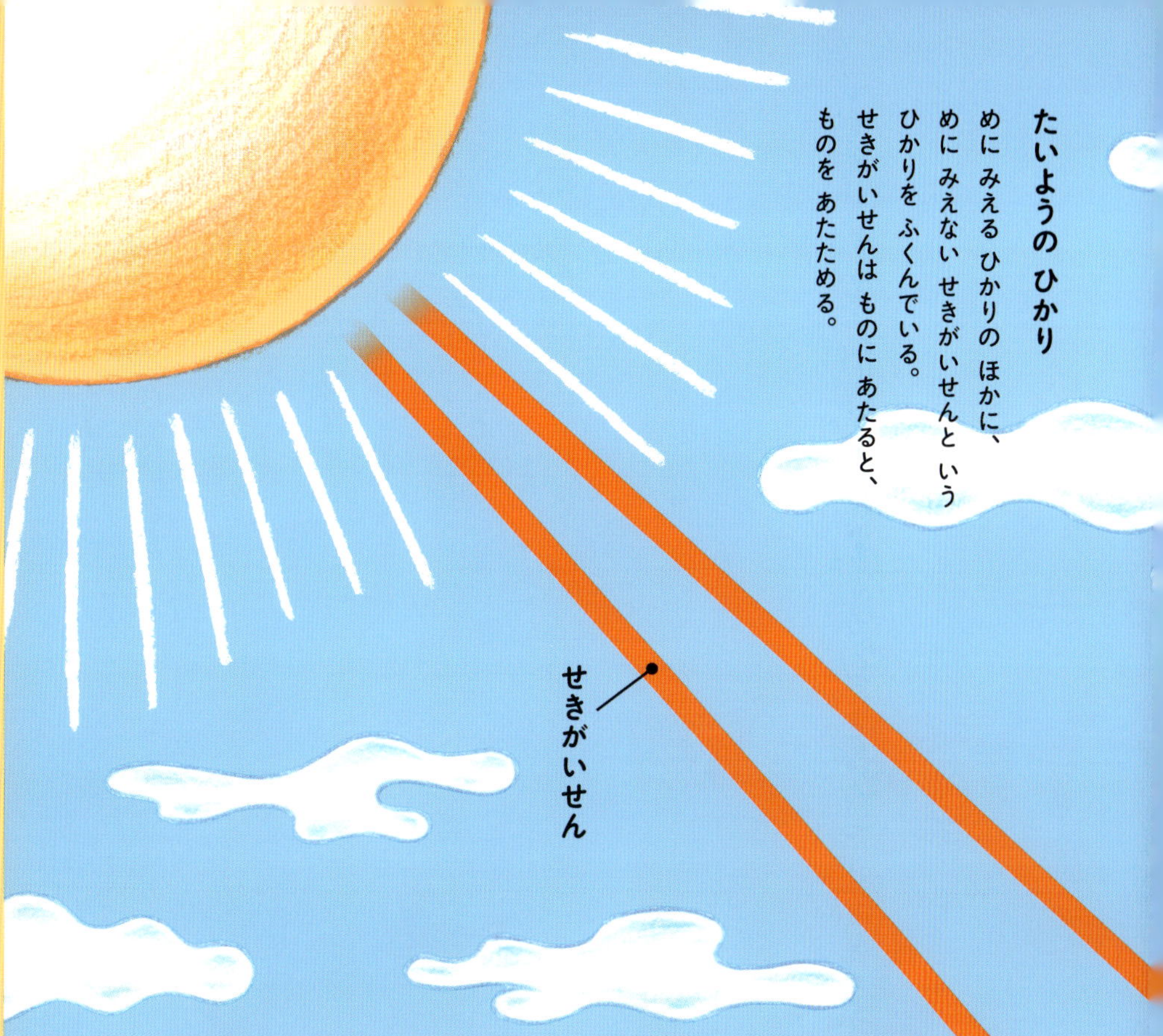

たいようの ひかり

めに みえる ひかりの ほかに、
めに みえない せきがいせんと いう
ひかりを ふくんでいる。
せきがいせんは ものに あたると、
ものを あたためる。

ふゆの だんぼうきぐ

こたつや でんきストーブは、
せきがいせんを だすことで
ものを あたためます。

おうちのかたへ

太陽の光が当たると暖かいのは、手をこすり合わせたときに分子の振動が激しくなることで生じる摩擦熱（↓78ページ）と同じ原理です。太陽光に含まれる赤外線は、ものに当たると、その分子を激しく振動させて熱エネルギーを生じさせ、ものを暖めます。

電気ストーブもこたつも、赤外線で暖める暖房器具です。赤外線は、空気を暖めず、ものに当たったときにそのものを暖めるので、身体を近づけないと暖かさを感じません。そのため、部屋全体を暖めるのには向いていません。焼き色をつけるのが得意な電気オーブンも、赤外線を使っています。

れいぞうこは なぜ ひえるの？

なつの あつい ひ、
れいぞうこは いつも なかが
ひんやりして いるよね。
どうやって ひやして いるのかな。

れいぞうこのなかは、
いつも ひんやりしています。
れいぞうこのなかの ねつを、
れいぞうこの そとへと
にがしているからです。

れいぞうこの うらには、
みずに にている
「れいばい」と いう えきたいが
ながれている パイプが
あります。
「れいばい」は、
れいぞうこのなかに はいると、
めに みえない ガス（きたい）に
かわり、れいぞうこのなかの
ねつを うばいます。
ねつを もった ガスの ねつだけが、
れいぞうこの そとへ でていきます。
れいぞうこは、「れいばい」に
ねつを うばわれるため、
ひえるのです。

れいぞうこの うら

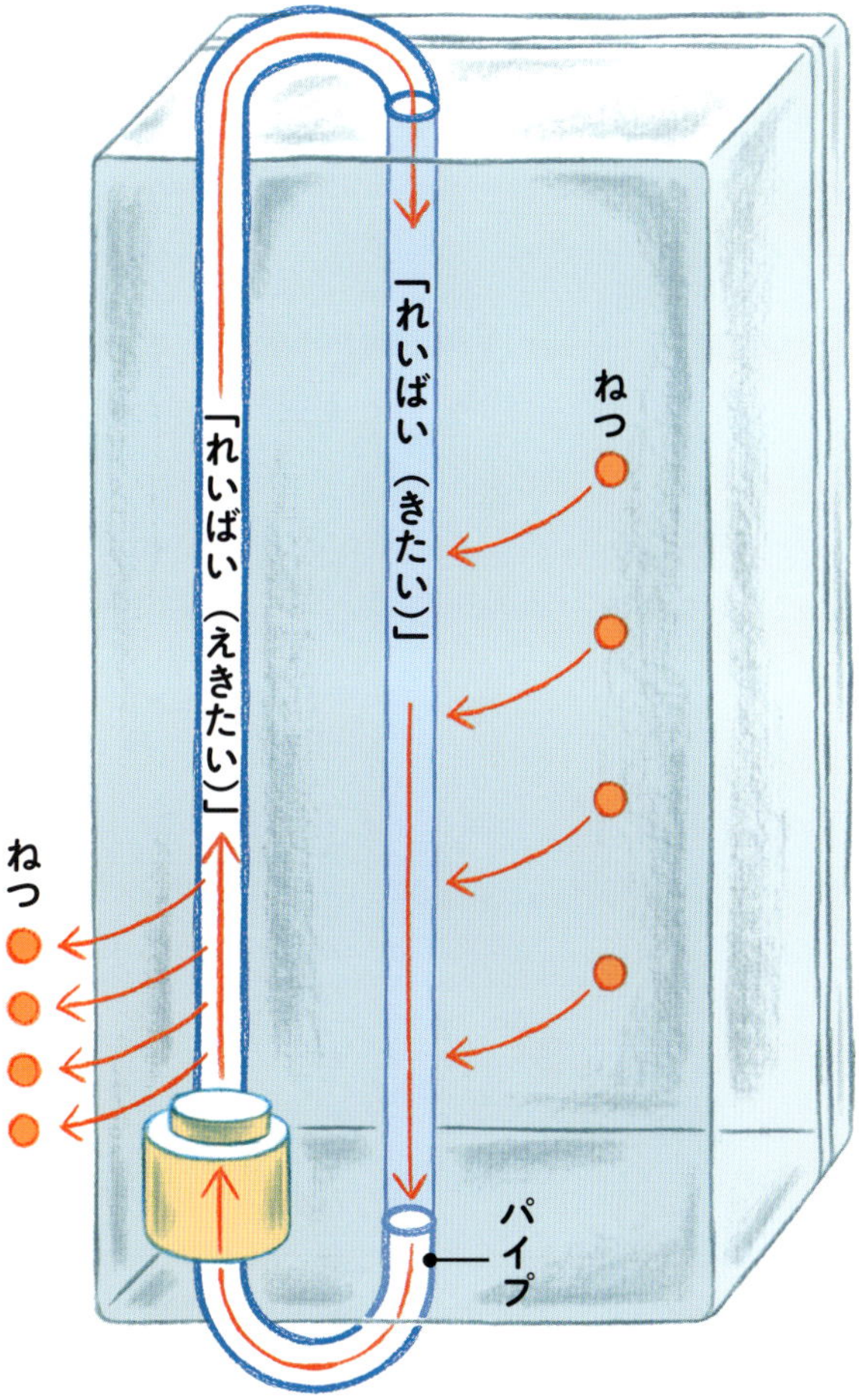

❶ えきたいの
「れいばい」は、
れいぞうこのなかで
きたいに かわり、
れいぞうこの
なかの ねつを うばう。

❷ きたいの ねつは、
れいぞうこの そとへ
でていく。
ねつを うしなった
きたいは
えきたいへ もどる。

❸ えきたいは、
ふたたび
れいぞうこのなかで
きたいに かわる。

おうちの かたへ

気化熱とは、液体が気体になるときに、周囲から吸収する熱のことです。液体が蒸発するためには熱が必要になるのですが、その熱は液体が接しているものから奪います。この気化熱の原理を利用して、冷蔵庫は庫内を冷やすのです。夏の暑い日に、打ち水をすると涼しくなるのも気化熱によるものです。

冷蔵庫の裏のパイプの中に流れている物質を冷媒といいます。液体の冷媒は、庫内に入ると、急に圧力を下げられ気化し、蒸発器に送られ、周囲（庫内）の熱を奪います。気化した冷媒は圧縮されて高温・高圧の気体へ変えられ、側面や裏側にある放熱板から、熱を外に逃がすことで、液体へともどります。

さむい ひの すべりだいが ひんやりするのは なぜ？

さむい ふゆの こうえん。
すべりだいに のぼったら、
おしりが ひんやりして、
もっと さむくなったよ。

ふゆの さむい ひ、すべりだいに のると、
おしりが ひんやり、つめたく かんじます。
ものには ねつが つたわりやすい ものと
つたわりにくい ものが あります。
すべりだいは、じょうぶな きんぞくで
つくられて います。
きんぞくは ねつを つたえやすいので、
からだが ふれると、からだの ねつが
きんぞくに にげて しまい、
つめたく かんじるのです。

きんぞくで できた
ブランコの くさりも
ねつが つたわりやすいため、
つめたく かんじる。

ブランコ
すべりだい
ねつ
おしり
すべりだい

おしりの ねつが
すべりだいに にげてしまうため、
おしりが つめたくなる。

きで できた ベンチは
あまり つめたく ありません。
それは、きのなかに
ねつが つたわりにくい くうき(↓56ページ)が
たくさん ふくまれて いるからです。

ねつ
おしり
ベンチ
くうき
おしりの ねつが
ベンチに
つたわりにくいため、
おしりは
つめたくならない。
ベンチ

なつの ひに あつくなる すべりだい

あつい なつの ひは、
すべりだいに たいようの
ひかりが あたり、
とても あつくなります。
そのねつが おしりに
つたわるため、
あつく かんじます。

おうちの かたへ

熱の伝わりやすさを熱伝導率といいます。たとえばコンクリートを1とすると、鉄は83.5、木は0.15、空気は0.024です。鉄は空気のおよそ3500倍も熱が伝わりやすいのです。熱伝導率が高いものは、冬は冷たくなりますが、夏は熱くなります。鉄製のすべりだいは、真夏には非常に高温になります。

フライパンなど加熱調理に使うものは、熱が伝わりやすい鉄などの金属でできています。冷たいアイスクリームなどを運ぶときは、発泡スチロールの箱を使います。発泡スチロールのほとんどは空気なので熱伝導率が低く、外の熱が伝わらない断熱材として使われます。

おふろの おゆが うえだけ あついのは なぜ？

ゆぶねの おゆに てを いれてみたら
あったかかったのに、
ゆぶねに はいったら ぬるかったよ。
どうしてなのかな。

ゆぶねに はいったら、
ためておいた おゆの
うえは あついのに、
したは ぬるいことが
あります。

みずは、おんどに よって、
おもさが かわります。
おなじ りょうで おもさを
くらべると、
あつい おゆのほうが、
つめたい みずより
かるくなります。
そのため、おゆは
つめたい みずに
うくのです。

みずと おゆの おもさくらべ
おなじ りょうで くらべると、おゆのほうが かるい。
おゆは かるい。
つめたい みずは おもい。
あつい おゆ
ぬるい おゆ

ゆぶねのなかで、あつい おゆは うえに、ぬるい おゆは したに うごきます。あつい おゆを たしたり、もういちど わかしたりすると、あつい おゆが うえに うごいて、うえだけが あつくなるのです。

おふろに はいるまえに

おゆを かきまぜてから はいると、あつい おゆと ぬるい おゆが まざるため、ちょうど よい ゆかげんに なります。

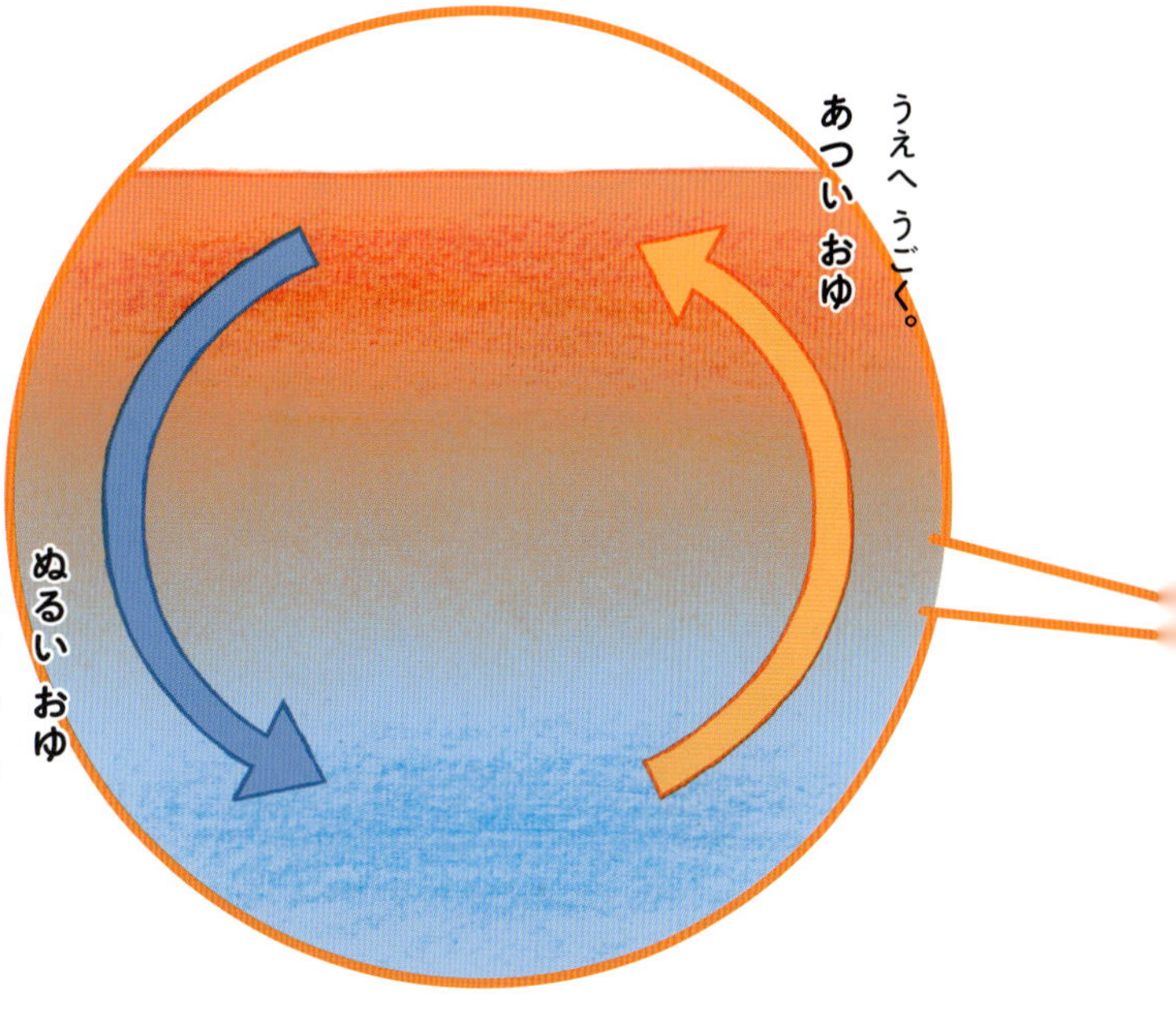

おうちの かたへ

水の重さを温度ごとに比べると、一番重いのは4度のときです。同じ1リットルで比べると、4度の水は1000グラムなのに、60度のお湯は983グラムしかないため、お湯は水に浮きます。お湯は水に比べて分子が激しく動き、密度が低くなるため、水よりお湯のほうが軽くなるのです。

お風呂のお湯は、冷めると自然に下へ沈み、温めると上へ浮きます。この現象を対流といいます。対流は空気でも起きます。例えば、部屋の空気は暖かいのに、足元だけが寒い経験はありませんか。これも、暖かい空気が上にのぼり、冷たい空気が下に降りていく、空気の対流によるものです（➡61ページ）。

たいこの おとは どうして きこえるの？

おおきな たいこを ドーン、ドン。
たいこを たたくのって たのしいな。
たたいて いる たいこを さわると、
ぶるぶるって ふるえて いるよ。

たいこを たたくと
ドーンと いう おおきな おとが
きこえます。
そのとき、たいこを さわると
たいこの かわは ふるえて います。
たいこの かわの ふるえは
くうきを ふるわせ、
ひとの みみに とどいて
それが おとと して きこえます。

たいこ
たいこを たたくと、
たいこの かわが
ふるえる。
くうきの ふるえが
なみのように
とおくまで つたわる。
ど〜ん

おとが たかく きこえるか、
ひくく きこえるかは、
おとの なみの こまかさで
きまります。
くうきが こまかく ふるえると、
なみと なみの あいだが
せまく なるので、
おとは たかく きこえます。
はんたいに、ふるえが すくないと
なみと なみの あいだが ひろがり、
おとは ひくく きこえます。
ピアノは けんばんを たたくと、
なかの げんが ふるえて おとが でます。
けんばんごとに
げんの ふとさや ながさを
かえることで、
いろいろな たかさの
おとを だすことが できます。

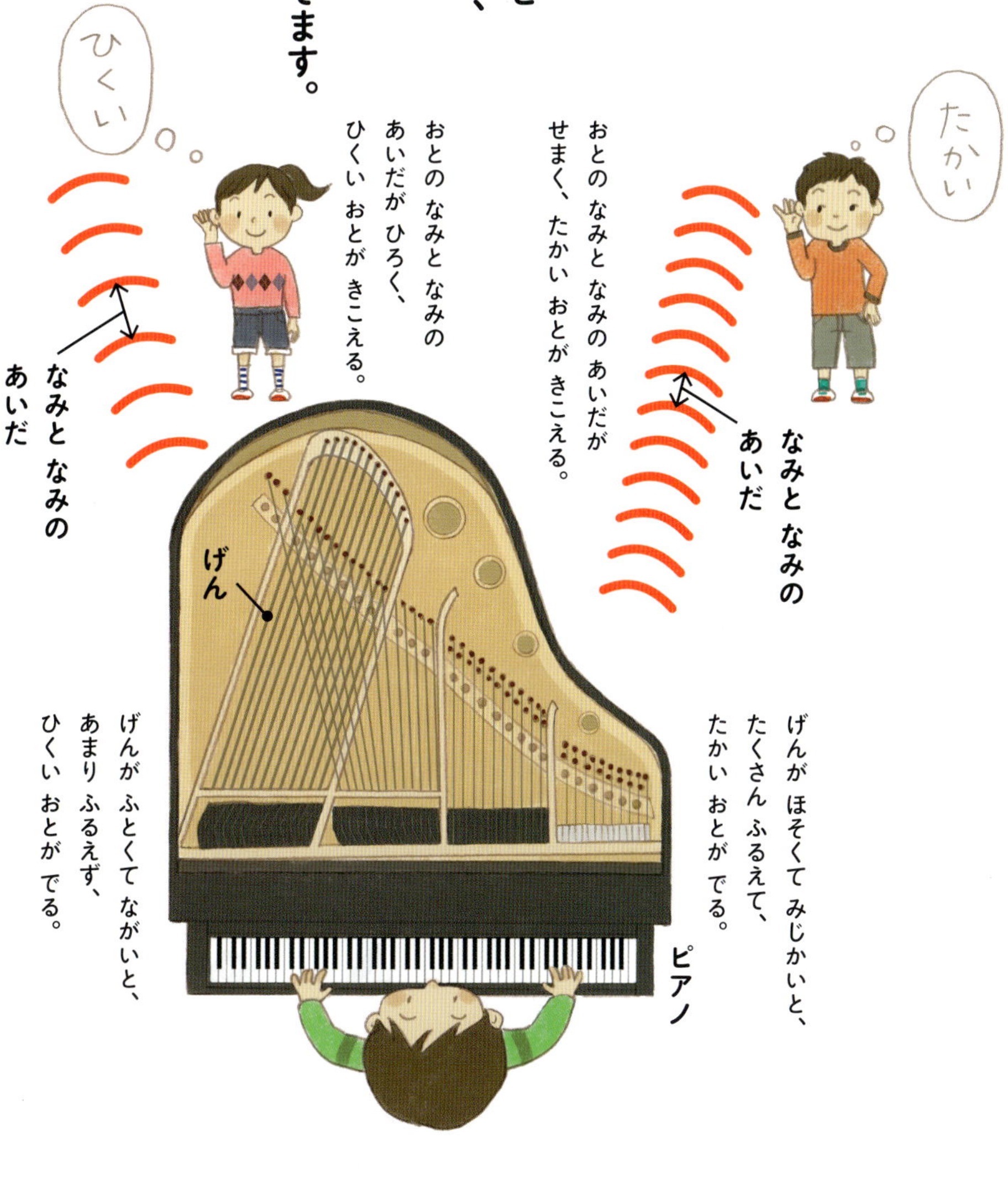
たかい
なみと なみの あいだ
おとの なみと なみの あいだが せまく、たかい おとが きこえる。
ひくい
おとの なみと なみの あいだが ひろく、ひくい おとが きこえる。
なみと なみの あいだ
げん
ピアノ
げんが ほそくて みじかいと、たくさん ふるえて、たかい おとが でる。
げんが ふとくて ながいと、あまり ふるえず、ひくい おとが でる。

おうちの かたへ

太鼓をたたくと、表面がでこぼこして、ふるえます。これが空気を通して人の耳に伝わり、「音」になります。

音の高さは、波と波の間の長さ（波長）によって変わります。波長が長い（波と波の間が広い）と1秒間あたりに届く波の数が少なくなり低い音、波長が短い（波と波の間が狭い）と1秒間あたりに届く波の数が多くなり高い音になります。

楽器は、どれもふるえを利用して音を出します。トランペットは、マウスピースにあてた唇の振動を空気に伝え、音を出します。ギターは、ピックではじいた弦の振動が空気に伝わり、それが音として聞こえます。

きゅうきゅうしゃの サイレンは なぜ おとが かわるの？

ピーポーピーポーと、おとを だして
きゅうきゅうしゃが やって きた。
とおりすぎたら、サイレンの おとが
かわったよ。どうしてかな。

きゅうきゅうしゃの サイレンの おとは、
ちかづいてくるとき たかく きこえ、
とおざかるときは ひくく きこえます。
おとの たかさは、くうきに つたわった
おとの なみと なみの あいだの ひろさで
きまります（↓89ページ）。
たとえば、きゅうきゅうしゃが
とまって サイレンを ならしているとき、
おとの なみと なみの あいだの ひろさは、
くるまの まえでも うしろでも
おなじなので、
きこえる おとの たかさは
まわりの どこに いても おなじです。

きゅうきゅうしゃが とまって いるとき

おとの なみと なみの
あいだの ひろさは
くるまの まわりの どこでも おなじ。

きゅうきゅうしゃが はしりだすと、
くるまのまえの おとの はばが
おしちぢめられるので、
なみと なみの あいだが
つまります。
はんたいに、くるまのうしろは
おとと おとの はばが
ひきのばされるので、
なみと なみの あいだは
ひろがります。
おとの たかさは、
なみと なみの あいだの ひろさで
きまります。
そのため、きゅうきゅうしゃが
ちかづいてくるときは
おとは たかく、
とおざかっていくときは
おとは ひくく きこえるのです。

くるまの すすむ ほうこう
きゅうきゅうしゃが ちかづいてくるとき
くるまのまえから おとが きこえる。なみと なみの あいだが つまるため、おとが たかく きこえる。
きゅうきゅうしゃが とおざかるとき
くるまのうしろから おとが きこえる。なみと なみの あいだが ひろがるため、おとが ひくく きこえる。

おうちのかたへ

音は、空気をふるわせることで伝わります（→88ページ）。この波が人間の耳まで伝わり、音として感じることができます。救急車は、車体の前に伝わっていく音の波を押し縮めながら走ります。すると、波と波の間の長さ（波長）が短くなり、1秒間に聞こえる波の数が多くなって、音が高く聞こえます。

救急車と同じような現象はほかにもあります。例えば、電車に乗っているときに聞こえる踏切の音の高さが、電車が踏み切りに近づくときと、遠ざかるときで違って聞こえます。このように、音源または聞く者の移動で、音源の音の高さが違って聞こえることを「ドップラー効果」といいます。

はなびの おとが おくれて きこえるのは なぜ？

パッと ひらいて、ドーン。
おおきな はなびが うちあがったよ。
おとが あとから きこえるのは
なぜかな。 ふしぎだね。

はなびが うちあがると、
まず いろとりどりの ひかりが みえて、
そのあと ドーンと いう おとが きこえます。
おとが ずれて きこえるのは、
おとの はやさが ひかりより おそいからです。

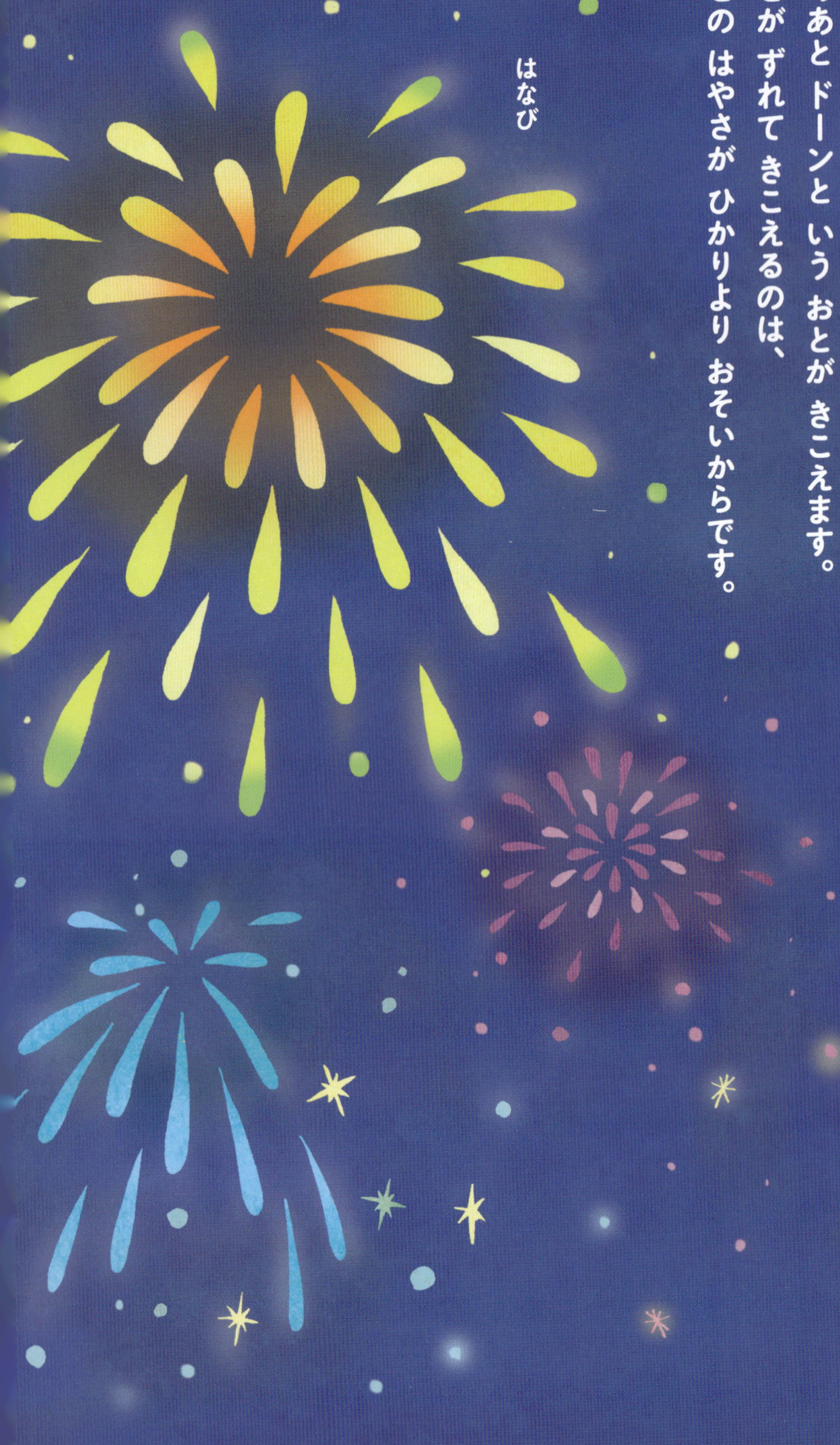

ひかりは、1びょうの あいだに
ちきゅうを7しゅうはんも まわるほど
はやく すすみます。
そのため はなびの ひかりは、
ひかるのと ほぼ おなじときに、
みている ひとの めに とどきます。
いっぽう、おとは ひかりほど
はやく すすみません。
ひかりが めに とどいたあとに
おくれて みみに とどきます。

ひかりの はやさと おとの はやさ

ひかりは 1びょうで およそ
30まんキロメートル（ちきゅうを
7しゅうはん）も すすみます。
でも おとは、1びょうで およそ
340メートルしか すすみません。

ちきゅう
ひかり

おと
はなびの おとは
ひかりより
おくれて みみに とどく。
ひかり
はなびの ひかりは
すぐ めに とどく。

おうちの かたへ

光は、音の約90万倍も速く進みます。光は非常に速いので、どんなに遠くに打ち上がった花火でも、光った瞬間に光が目に届きます。音の速さは秒速340メートルですから、340メートル離れたところから花火を見ると1秒遅れて聞こえます。680メートルなら2秒遅れて、1020メートルなら3秒遅れて聞こえます。

光と音がずれる現象は雷でも起こります。光ってから音が聞こえるまでの時間が短いときは、その雷は近くで発生しています。ピカッとしてから何秒でゴロゴロという音がしたかわかれば、その秒数×340メートルで、雷までの距離が計算できます。

おふろで うたうと じょうずに きこえるのは なぜ？

おふろで うたを うたったら、
ものすごく こえが ひびいて
いつもより とても じょうずに
きこえたよ。 ふしぎだね。

おふろで うたうと、 こえが いつもより ひびいて
じょうずに きこえます。
かたい かべに かこまれた おふろで うたうと、
こえが かべに ぶつかり、 はねかえされて ひびくから、
うたが じょうずに きこえるのです。
また、 なんかいも はねかえると、 みみに とどく じかんが
すこしずつ ずれます。
そのため、 たくさんの ひとが うたっているような こえに きこえます。

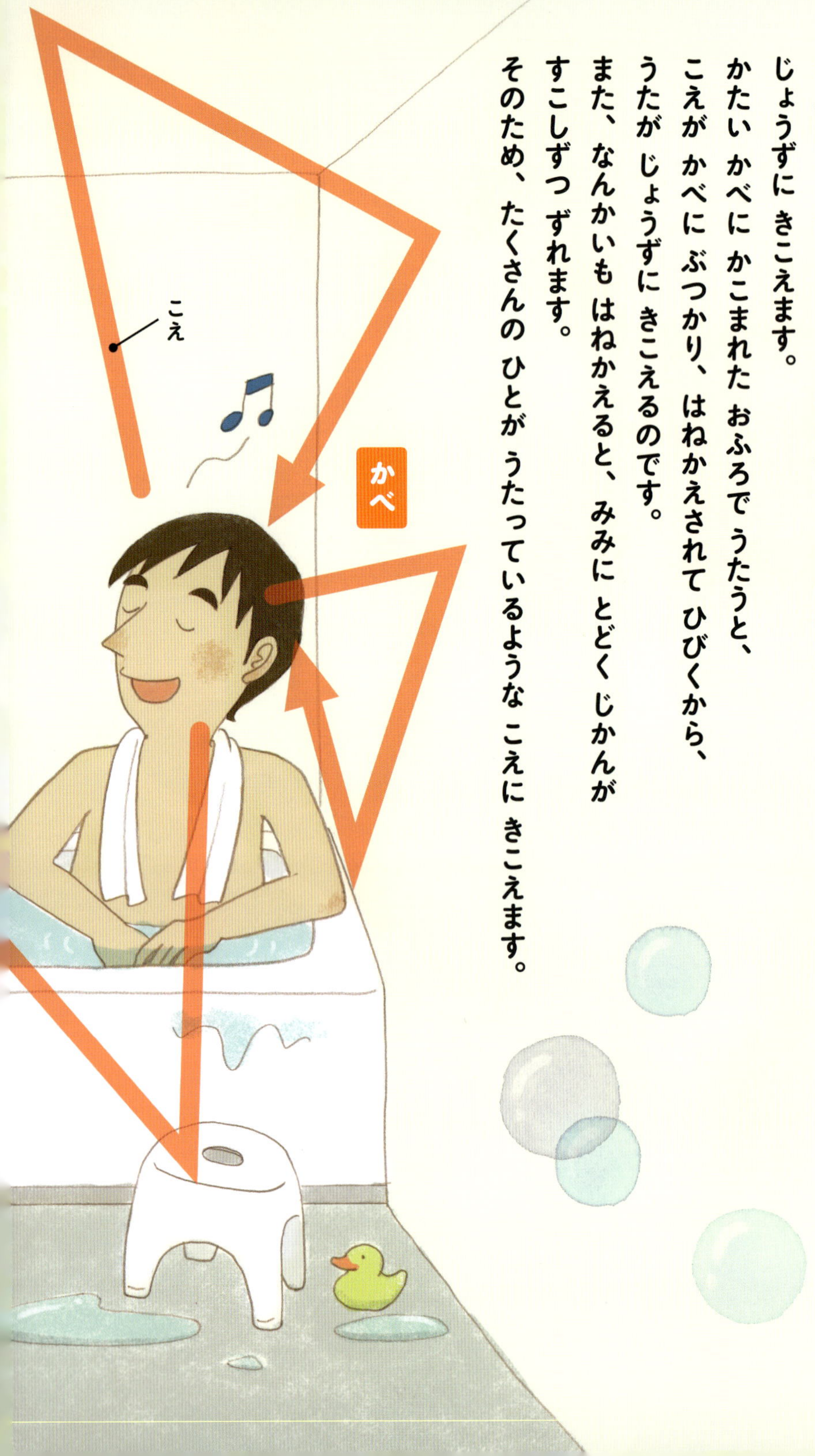

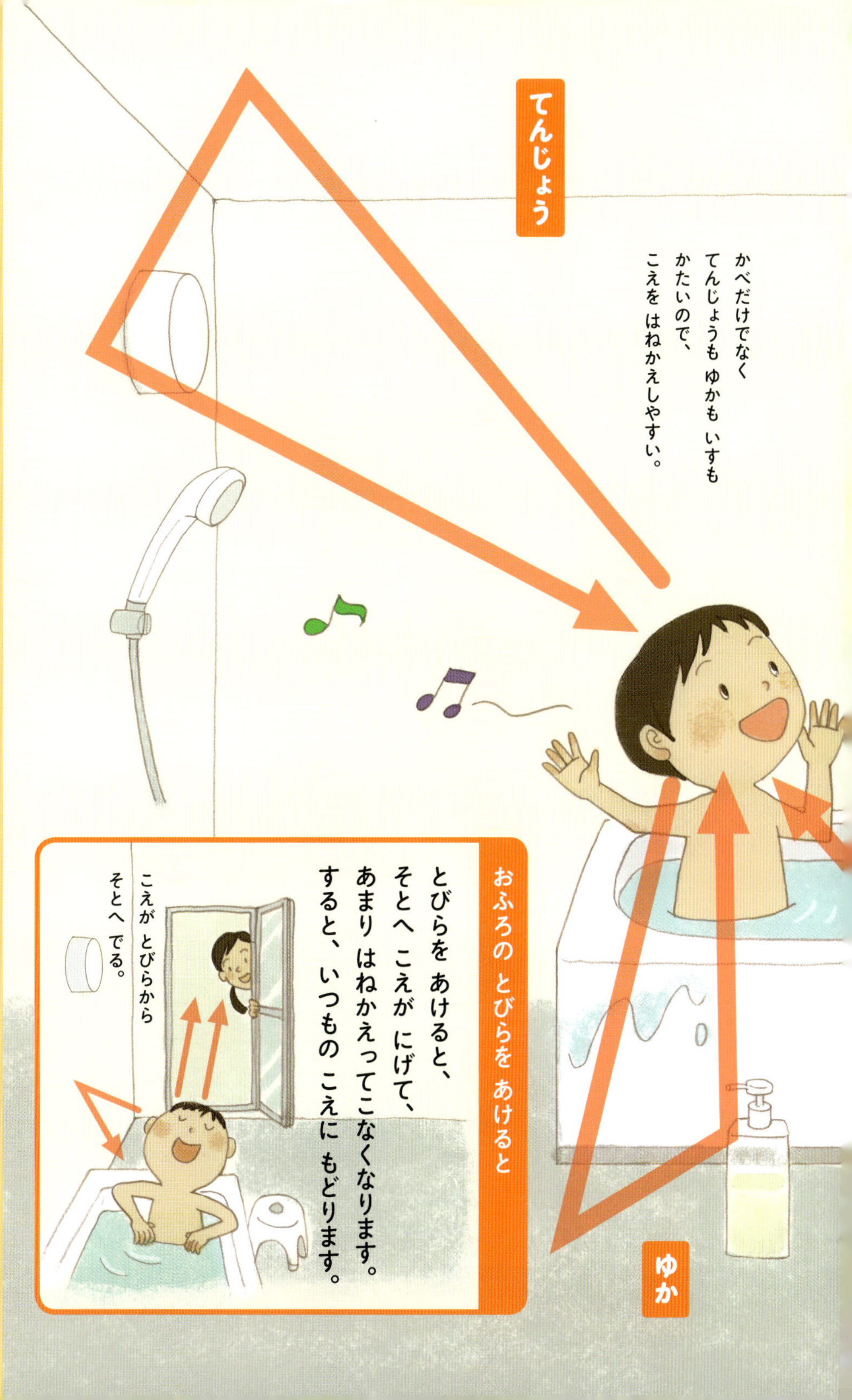
てんじょう
かべだけでなく
てんじょうも ゆかも いすも
かたいので、
こえを はねかえしやすい。
ゆか
おふろの とびらを あけると
とびらを あけると、
そとへ こえが にげて、
あまり はねかえってこなくなります。
すると、いつもの こえに もどります。
こえが とびらから
そとへ でる。

おうちのかたへ

普通、壁にぶつかった音は、一部は通り抜け、一部はぶつかったものに吸い込まれ、一部ははね返ります。お風呂の壁は、かたくてつるつるしたものでできていることが多いので、ほとんどの音がはね返ります。トンネルで声が響くのも同じ原理です。一方、空気をたくさん含んだ雪は、音を吸い込む性質があるため、雪が降った日の街は静かなのです。

お風呂でいろんな方向に広がった音は、何回も反射するうちに、少し時間がずれて耳に届きます。すると、歌声に余韻が加わり、ビブラートがかかっているように聞こえます。カラオケでエコーをかけると上手に聞こえるのは、これと同じ原理です。

セーターを ぬぐとき なぜ パチパチ おとが するの？

ふゆ、セーターを ぬぐとき
パチパチと おとが することが あるね。
ドアの とってを さわると、パチッと
することも ある。どうしてかな。

パチパチと おとを たてているのは、せいでんきと いう でんき（➡98ページ）です。せいでんきは ものと ものを こすりあわせたとき うまれます。

みの まわりに ある すべてのものは、うごきにくい プラスの でんきの つぶと、みがるな マイナスの でんきの つぶを もっています。ふだんは おなじ かずで つりあっているため、でんきの つぶは うごきません。セーターを きているとき、セーターの したの シャツと セーターが こすれます。すると、セーターの マイナスの でんきの つぶが シャツの ほうへ うつることが あります。

セーターも シャツも、それぞれ プラスと マイナスの でんきの つぶを、おなじ かずだけ もっている。

セーターを ぬぐとき、うつっていた
マイナスの でんきの つぶが、
プラスに なった セーターに ひかれて
ふたたび セーターに もどろうと します。
このとき、くうきのなかを でんきの つぶが
とおるため、くうきの ふるえが おこって、
パチパチと いう おとが きこえるのです。

ドアの とってを さわると ながれる せいでんき

ふくを きたまま うごいていると、
ふくと ふくが こすれるため、
マイナスの でんきの つぶが
からだに たまることが あります。
そのまま ドアの とってを てで さわると、
マイナスの でんきの つぶが
とってに いっきに ながれるため、
てが パチッと します。

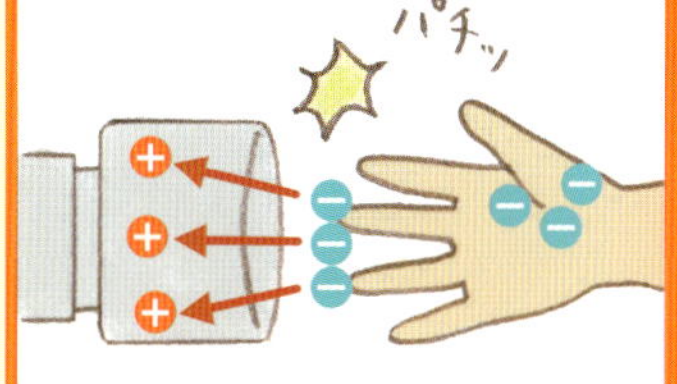
パチッ

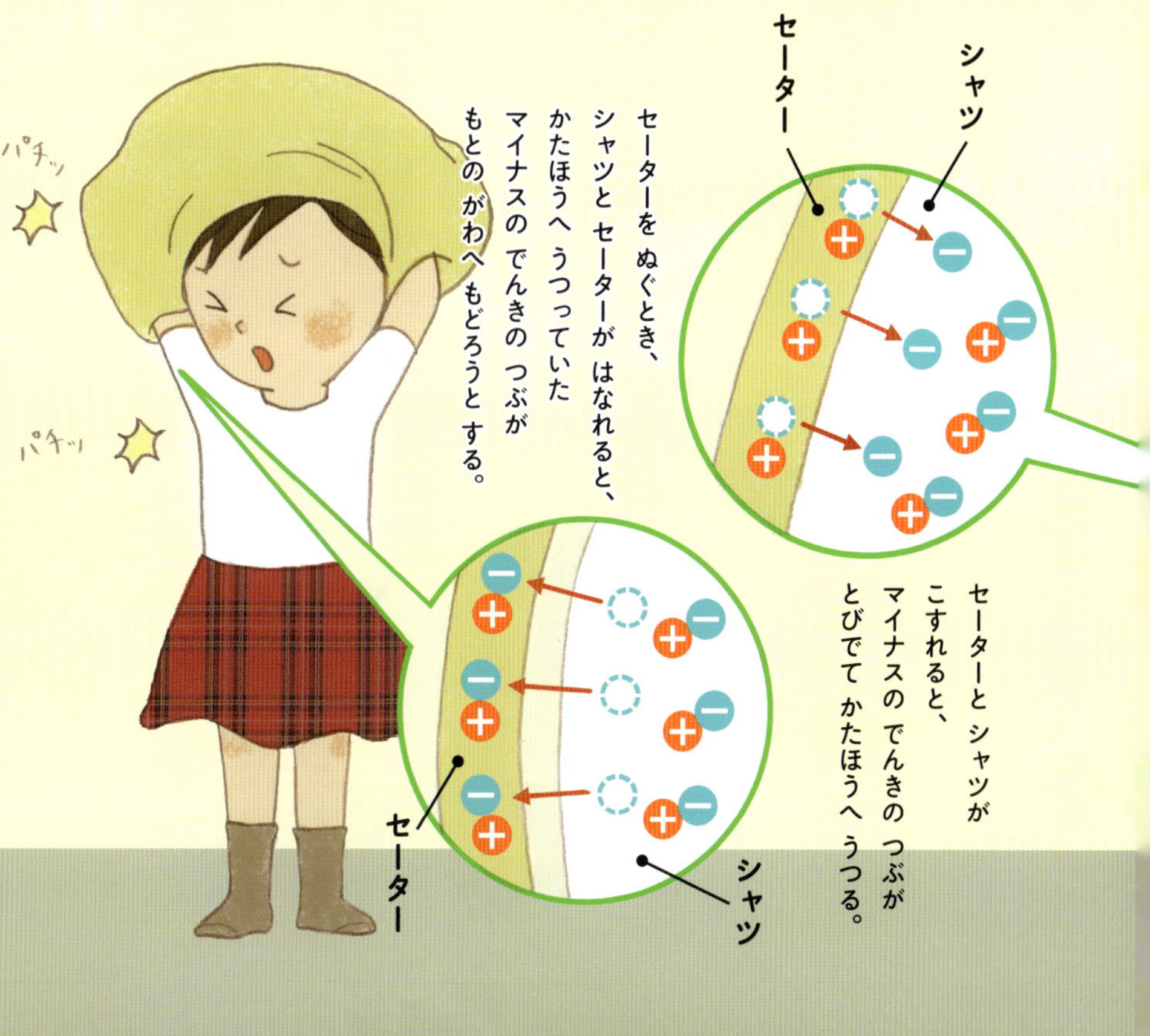
セーター
シャツ
セーターを ぬぐとき、シャツと セーターが はなれると、かたほうへ うつっていた マイナスの でんきの つぶが もとの がわへ もどろうと する。
パチッ
パチッ
セーターと シャツが こすれると、マイナスの でんきの つぶが とびでて かたほうへ うつる。
セーター
シャツ

おうちのかたへ

普通、物質は、プラスの電気を帯びた陽子と、マイナスの電気を帯びた電子を、同じ数だけ持っています(➡104ページ)。ところが、違う素材のものとものをこすり合わせると、マイナスの電子が片方に移ることがあります。その結果、マイナスの電子が増えたものはマイナスの電気を、マイナスの電子が減ったものはプラスの電気を帯びた状態になります。これが静電気です。

静電気がたまった状態でセーターをぬごうとすると、プラスとマイナスが引き合うため、マイナスの電子はもとの側へ戻ろうとプラスのほうへ動き、電気が流れます。そのとき、電気は一瞬だけ空気を震わせます。それがパチパチという音になるのです。

でんきって なに？

あかりを つけたり
テレビを みたりするのには
でんきを つかうんだって。
でんきって なんだろう。

ひとや みの まわりに ある
ほとんどのものは、
でんきの もとに なる
つぶ（でんきの つぶ）を
もっています（→96ページ）。
でんきの つぶには、
うごきにくい プラスの つぶと、
みがるな マイナスの つぶの
ふたつが あります。
プラスと マイナスの つぶは、
ふだんは おなじ かずで
つりあっています。

プラスの つぶ
マイナスの つぶ
でんきの つぶ
ひとや みの まわりの ものの ほとんどは、おなじ かずの プラスと マイナスの でんきの つぶを もっている。

でんきを つくるには、じしゃく(↓122ページ)の ちからを
つかって マイナスの でんきの つぶを とりだします。
コイル(でんせん)に じしゃくを
ちかづけたり とおざけたりすると、
コイルが もつ マイナスの でんきの つぶが
きまった ほうこうに うごきます。
これが でんきです。
でんきは、はつでんしょと よばれる ばしょで
つくられ、でんせんを とおって
わたしたちの いえに とどき、あかりを つけたり
テレビを つけたりしています。

でんきが とどくまで

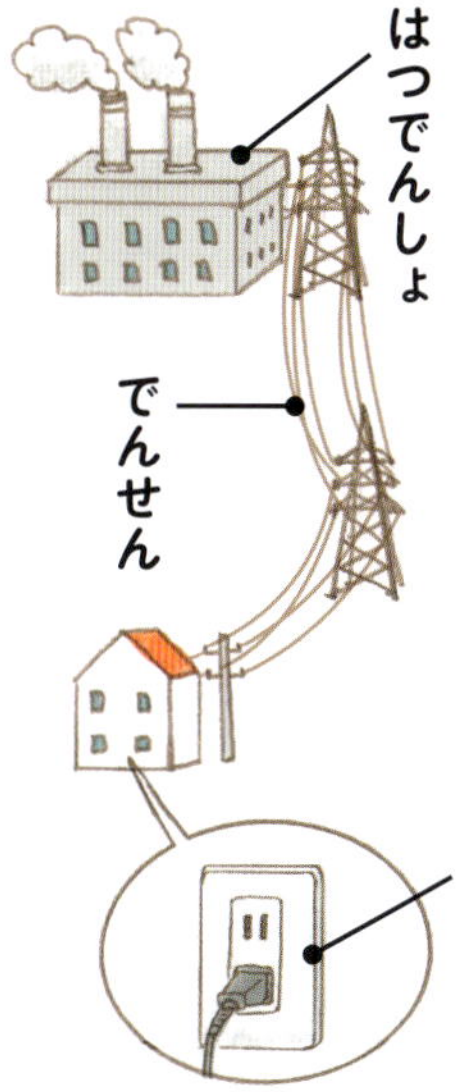

コンセントに
プラグを さしこめば、
でんきが ながれて
あかりや
テレビが つく。

じしゃくの ちからで でんきを おこす

じしゃくを やじるしの ほうこうに うごかすと、
マイナスの でんきの つぶが
きまった ほうこうへ うごくため、
でんきが ながれる。

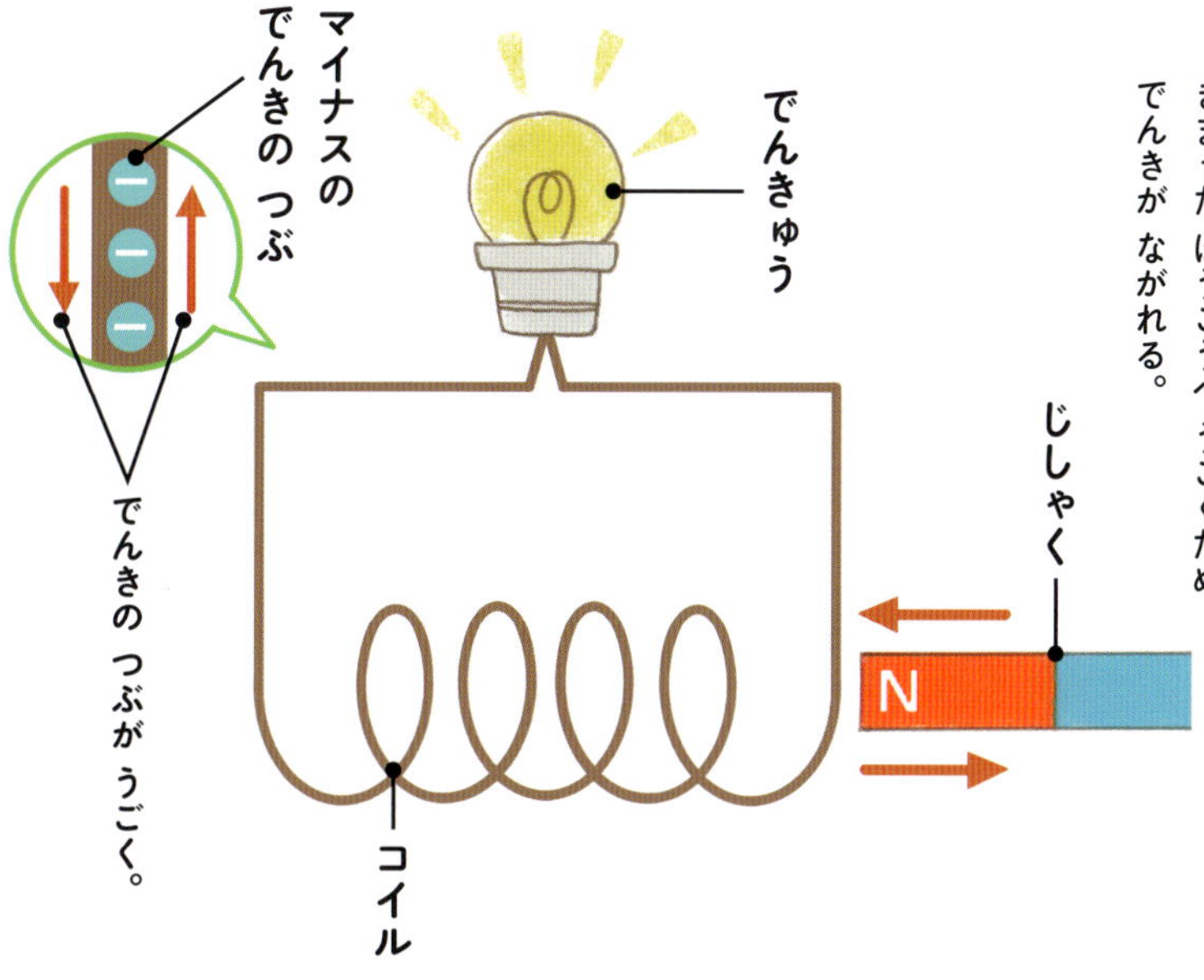

おうちの かたへ

一般に「電気」と呼んでいるのは、電子の流れです。すべての物質をつくっている原子の中には、プラスの陽子と、マイナスの電子、電気を持たない中性子があります(↓104ページ)。普段は、物質の中で、陽子と電子の数がつり合っていますが、磁石の力を使うと、原子から放出された自由電子を動かすことができます。自由電子の動く方向と、逆向きの方向に電流が流れます。発電所の発電機では、銅やアルミニウムなどの金属(コイル)の中で磁石を回して、電子を取り出し、電気をつくります。発電所では巨大な発電機を使って電気をつくり、各家庭や施設に送電しています。

すずめは なぜ でんせんに とまっても へいきなの？

たこあげを するとき、でんせんに ひっかかると あぶないよって ちゅういされたよ。でんせんの うえに いる すずめは へいきなのかな。

でんせんは でんきが ながれているから、ふれると あぶないと よく いわれます。でも、すずめは でんせんに とまっていても へいきです。

でんせんには、はつでんしょで つくられた でんきが ながれています。

でんきを ながすには、でんきを おしだす エネルギー（↓10ページ）が いります。これを でんあつと いいます。

でんきは、でんあつが おおきいところから ちいさいところへ ながれます。

すずめが 2ほんあしで でんせんに とまっても、あしと あしの あいだでの でんあつは ほとんど かわりません。

そのため、すずめが でんせんに とまっても なにも おこらないのです。

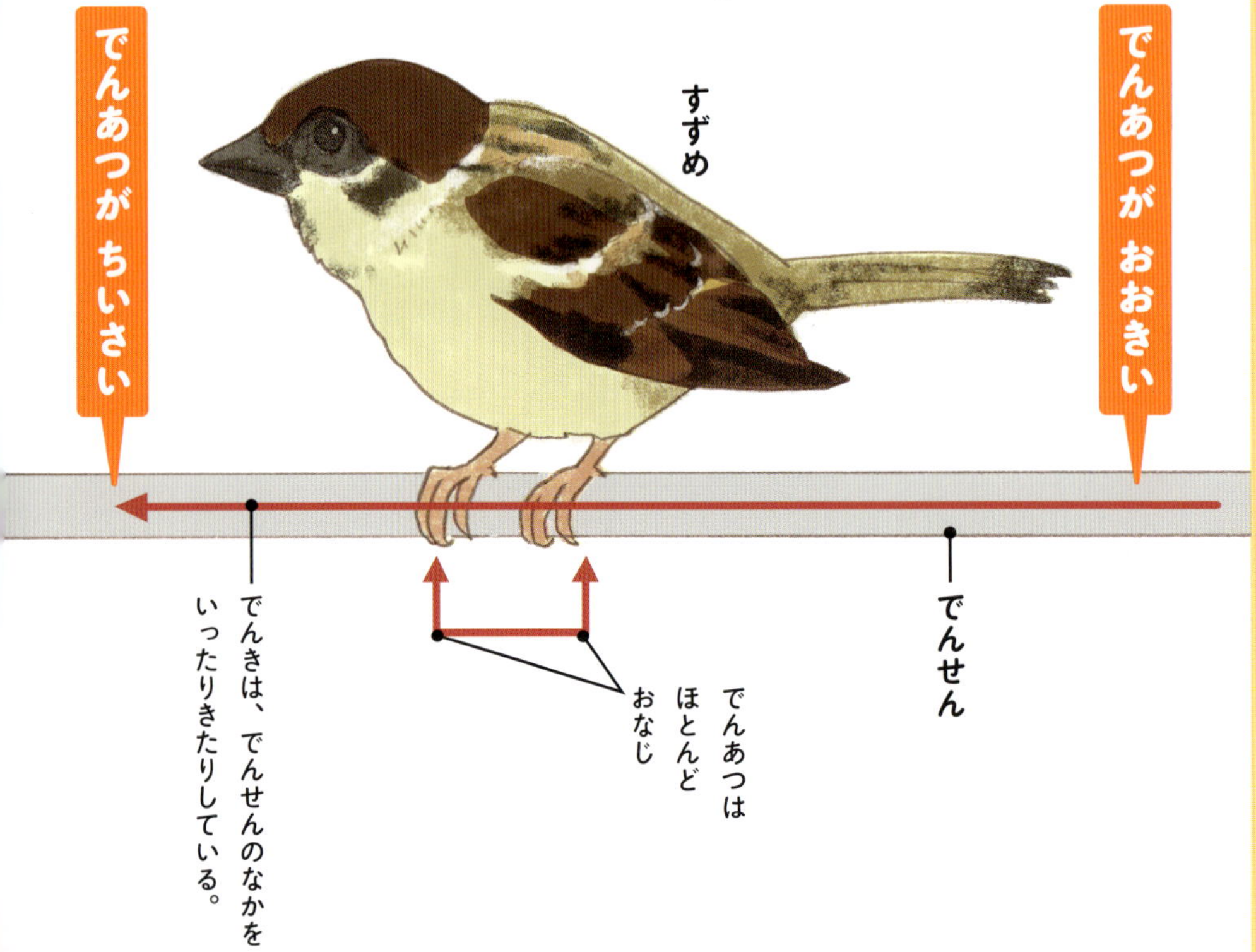
でんあつが おおきい
すずめ
でんあつが ちいさい
でんせん
でんあつは ほとんど おなじ
でんきは、でんせんのなかを いったりきたりしている。

じめんに たって、
でんせんに からまった
たこあげの たこの ひもを
さわってしまうと とても きけんです。
でんせんと じめんでは
でんあつが ちがうので、
でんせんを ながれる でんきが
たこいとから からだ、
からだから じめんへと
ながれるためです。
でんせんの ちかくでは ぜったいに
たこあげを しないように しましょう。

でんせん
でんきの ながれる ほうこう
たこ
たこいと
でんせんは、じめんに くらべて
でんあつが はるかに おおきい。
そのため、でんせんを ながれている
でんきは、からまった たこの ひもから
ひとの からだを とおり、
じめんへと ながれる。
じめん

おうちのかたへ

水が高いところから低いところへ流れるように、電気は、電圧が大きいところから小さいところへ流れます。1本の電線上で、スズメが片足を置いた地点と、反対の足を置いた地点との電圧の差はほぼないので、電気がスズメの体を通ることはありません。感電が起きるのは、電圧の差のある2か所に触れたときです。

現在、市街地の電線は、ほとんどがビニールなどの素材でおおってあり、感電する危険は減りつつあるものの、カバーがうすいところも一部あるため、危険であることには変わりありません。凧糸などを介しての間接的な接触であっても、電線に触ってはいけないことは、きちんと教えておきましょう。

ひかりに かんけいする ことば

たいようの ひかり（でんじは）
太陽の光（電磁波）

ひかりは、なみのように つたわっていき、でんじはとも よばれる。なみの こまかさによって いろいろな でんじはに わかれる。

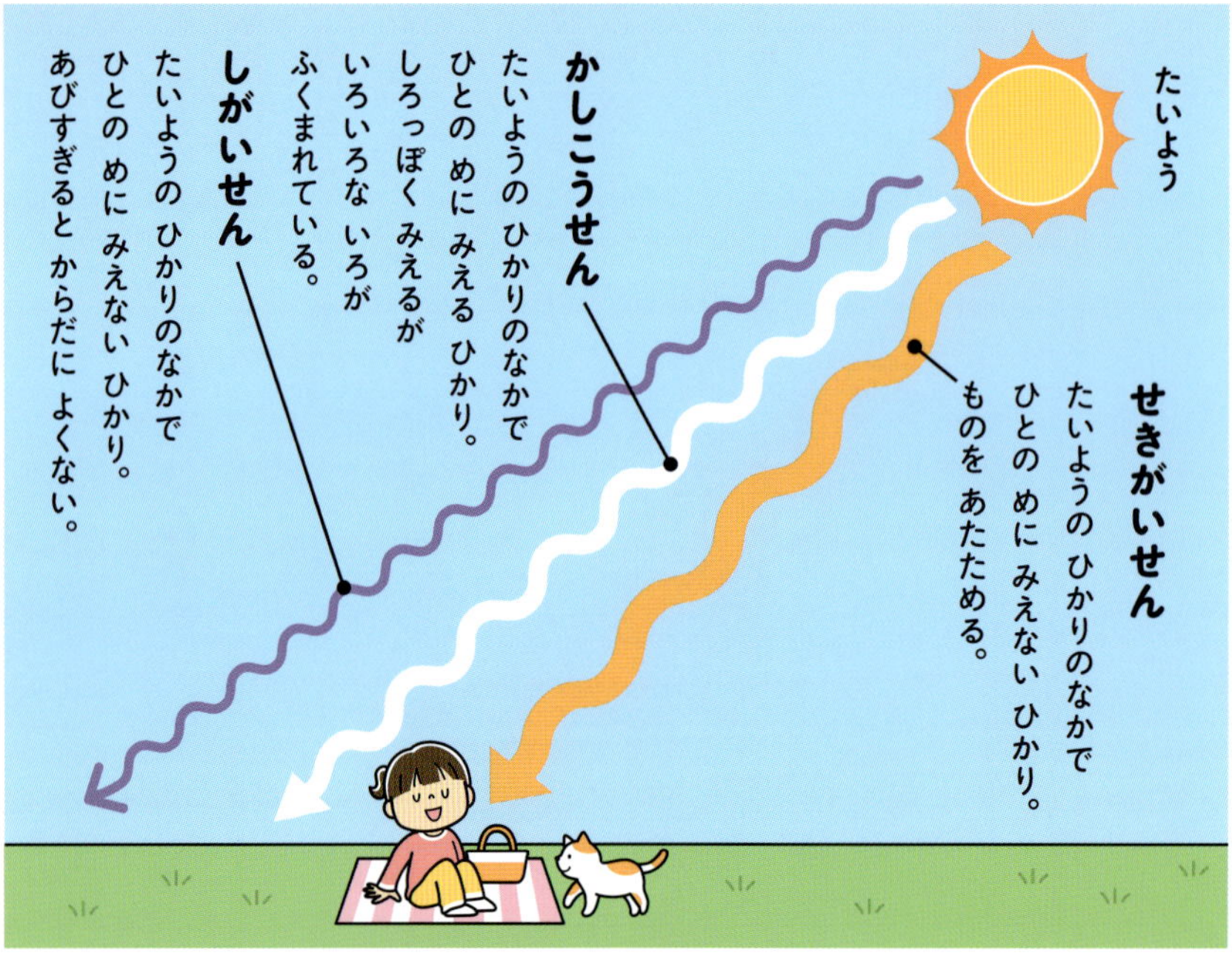

たいよう
せきがいせん
たいようの ひかりのなかで ひとの めに みえない ひかり。ものを あたためる。
かしこうせん
たいようの ひかりのなかで ひとの めに みえる ひかり。しろっぽく みえるが いろいろな いろが ふくまれている。
しがいせん
たいようの ひかりのなかで ひとの めに みえない ひかり。あびすぎると からだに よくない。

（→68ページ、→70ページ、→80ページ）

はんしゃ
反射

ひかりが ものに ぶつかって はねかえること。はねかえった ひかりが めに とどくことで、ものを みることが できる。

（→74ページ、→76ページ）

ひかり

くっせつ
屈折

くうきのなかでは まっすぐ すすんできた ひかりが、みずや ガラスなどのなかに はいるとき、そのさかいめで まがること。みずや ガラスなどのなかから、そと（くうきのなか）へ でるときも、そのさかいめで まがる。

（→70ページ、→76ページ）

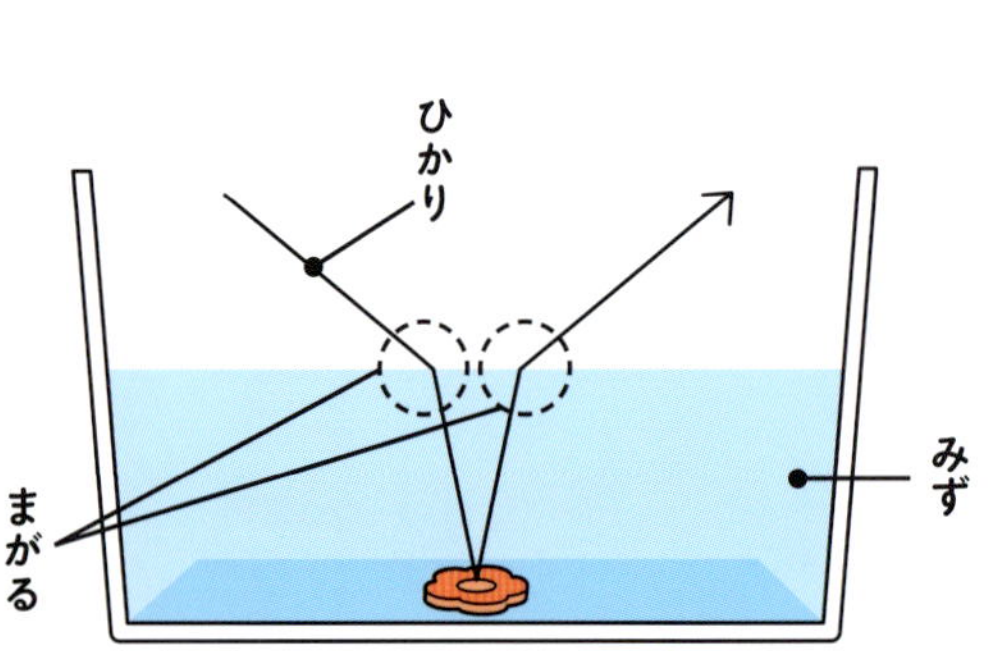

ひかり
みず
まがる

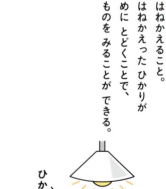

ねつに かんけいする ことば

まさつねつ
摩擦熱

（↓78ページ）

ものと ものとを こすりあわせた ときに でる ねつ。
てを うごかすことで ての ひょうめんが こすれあい、それが ねつに かわるため、てが あたたかくなる。

ねつ

きかねつ
気化熱

（↓82ページ）

えきたい（みず↓64ページ）が きたい（すいじょうき↓64ページ）に かわるときに、まわりから うばう ねつ。

プールから でたあと、からだが ひんやりするのは、からだに ついた みずが すいじょうきに かわって ねつを うばうため。

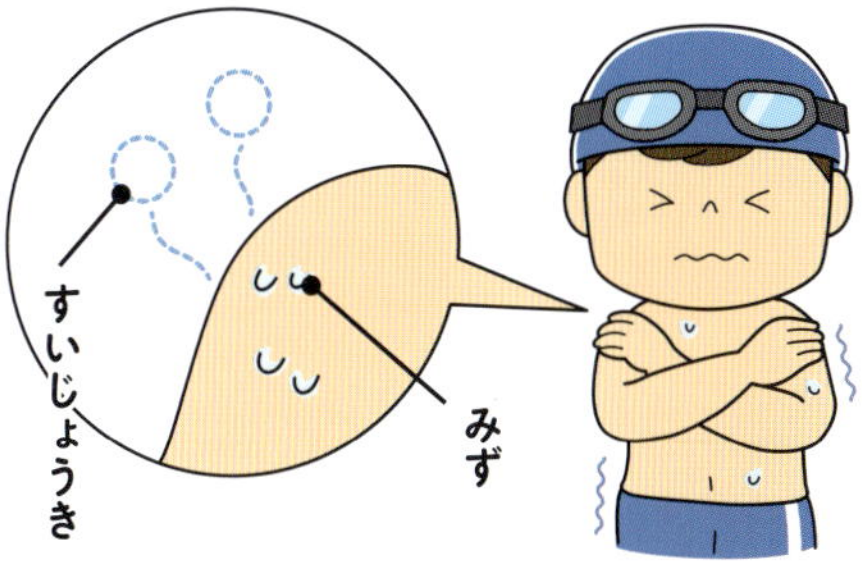
すいじょうき
みず

ねつでんどうりつ
熱伝導率

（↓84ページ）

ねつの つたわりやすさ。
アルミニウムや てつなどの きんぞくは、ねつが つたわりやすいので、ねつでんどうりつが たかい。

ての ねつが アルミニウムの スプーンに つたわり、アイスクリームが とける。

アイスクリーム

ねつでんどうりつ
たかい
アルミニウム
アルミホイル
てつ
き
くうき
ねつでんどうりつ
ひくい

たいりゅう
対流

（↓86ページ）

あたたかい くうきや みずが うえに のぼり、つめたい くうきや みずが したに おりること。

たいようによって あたためられた じめんが くうきを あたためる。あたためられた くうきは そらに のぼり、ひやされると ちじょうへ おりてくる。

たいよう
つめたい くうき
あたたかい くうき
じめん

でんきに かんけいする ことば

でんし
電子

いきものの からだや すべてのものを つくる げんし（↓130ページ）のなかに ある ちいさな でんきの つぶ。

（↓96ページ、↓98ページ）

げんしのなかには、おなじ かずの プラスと マイナスの でんきの つぶと、でんきを もたない ちゅうせいしが ある。

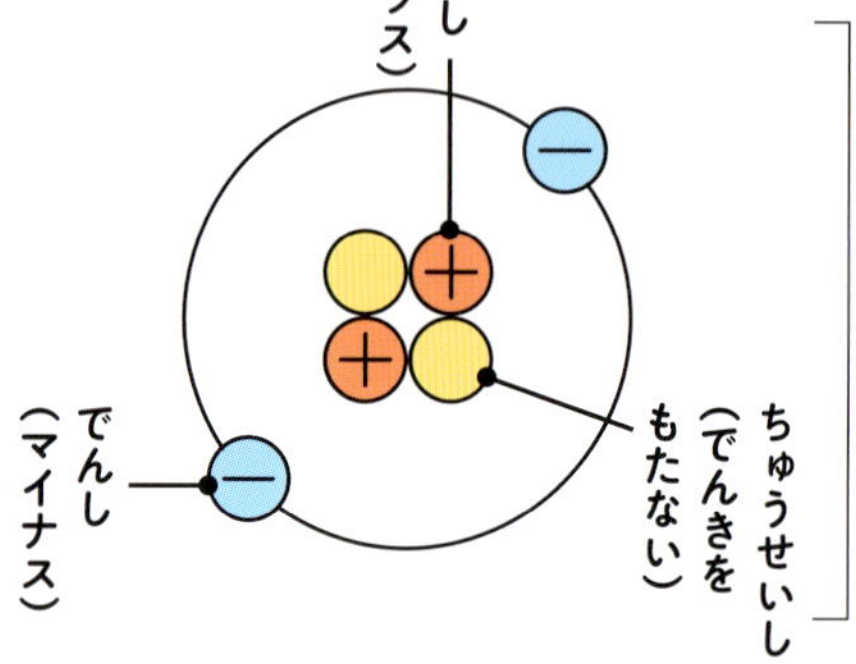
げんし
ようし
（プラス）
でんし
（マイナス）
ちゅうせいし
（でんきを
もたない）

でんき
電気

あかりを つけたり テレビを つけたりする もとに なるもの。
げんしの そとへ とびだし、じゆうに なった たくさんの でんしが おなじ ほうこうへ うごくと、でんきが ながれる。

（↓98ページ）

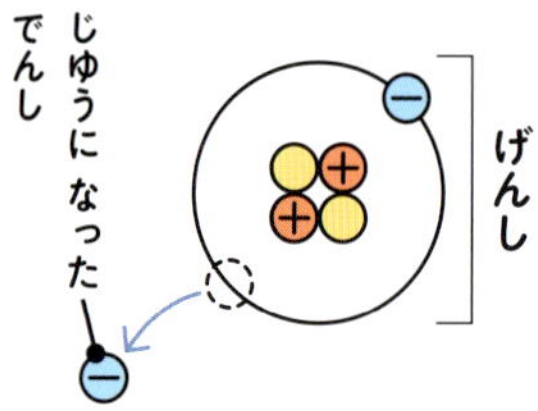
げんし
じゆうに なった
でんし

かんでんちに でんきゅうを つなぐと、でんきが ながれる。
かんでんちから でんしが はなれ、でんせんのなかを うごく。

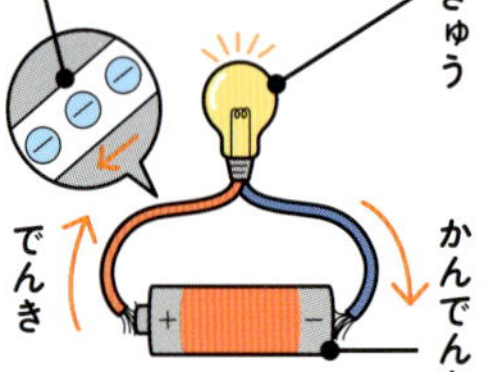
でんきゅう
かんでんち
でんき

でんあつ
電圧

でんきを おくる ちから。
はつでんしょで つくられた でんきは とおい いえまで でんきを とどけるため、でんあつが とても おおきくなっている。
でんきを つかう いえでは、へんでんしょで、つかいやすい おおきさまで でんあつを さげて つかう。

（↓100ページ）

おおきい
はつでんしょ
でんあつ
でんき
へんでんしょ
いえ
ちいさい

せいでんき
静電気

ものと ものを こすりあわせたときなどに おきる でんき。
でんしが うごいて、どちらかに たまっている ようすのこと。

（↓96ページ）

かみのけから したじきに でんしが いどうして たまり、プラスを おびた かみのけが、マイナスを おびた したじきに ひきよせられる。

でんし
したじき

5

もののへんか・
もののしくみ

どうして たべものに かびが はえるの？

パンに ついた
みどりいろの しみは かびなので、
たべちゃ だめなんだって。
どうして たべては いけないのかな。

くうきのなかには、
かびと いう めに みえないほど
ちいさな いきものが
ほうし（たね）の すがたで ただよって います。
かびの ほうしは、たべものに くっつくと、
せいちょうしながら
たべものから えいようを もらい、
かわりに いらないものを はきだします。
はきだされたものは、いやな においの
もとに なったり、あじを へんに したり、
ときには おなかを こわす
どくに なったりします。

かびの ほうしは とても かるく、
いえのなかにも たくさん いる。
ふだんは ちいさすぎて みえないけれど、
せいちょうして おおきくなると
パンに はえた かびのように
ひとの めにも みえるように なる。

かびを はやさないためには

かびは、あたたかく じめじめした
ばしょが だいすきです。
れいとうこは つめたく、かわいているので、
かびは げんきを なくします。
パンを れいとうこに いれると、
かびが ふえるのを ふせぐことが できます。

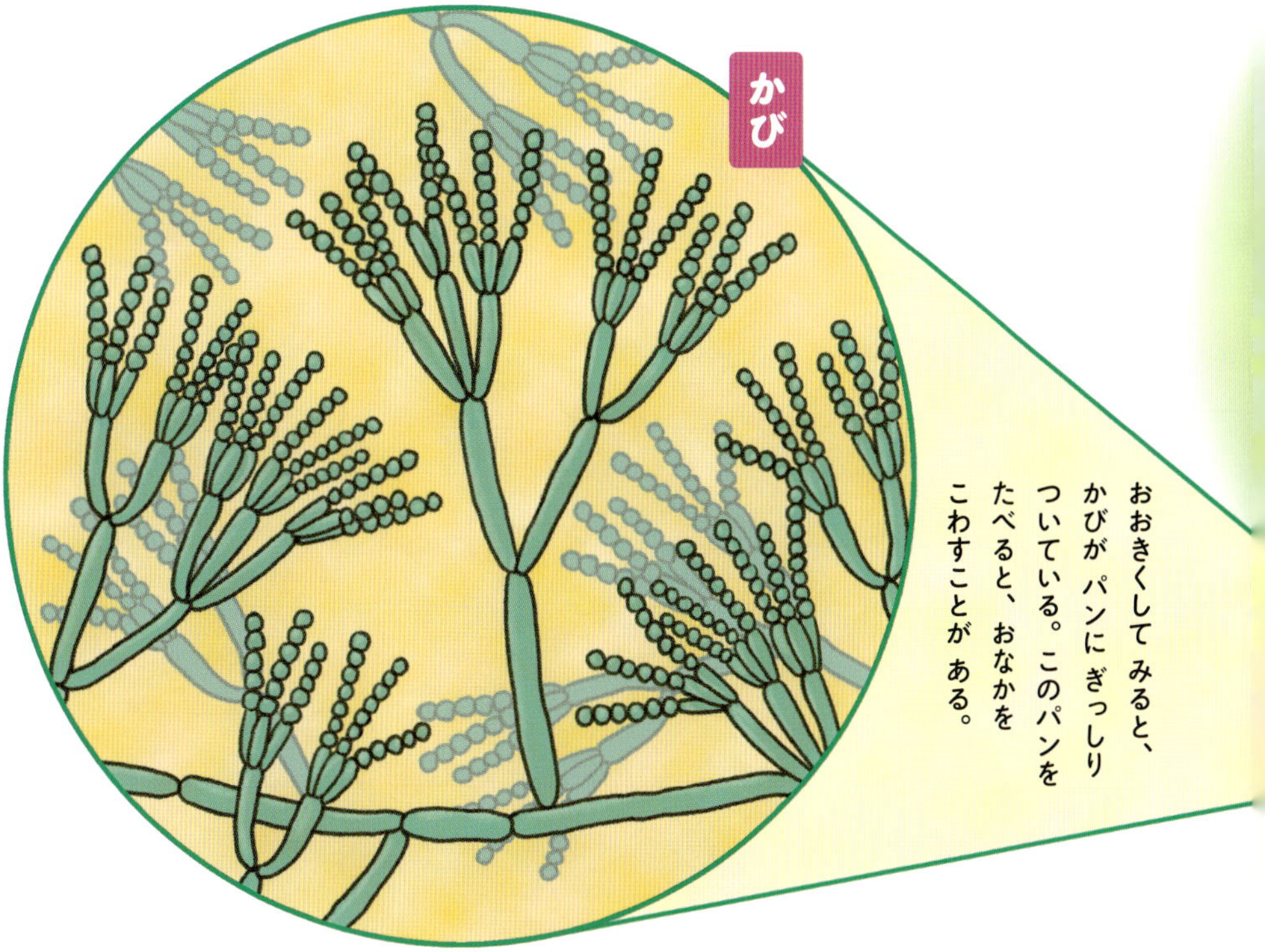

おおきくして みると、
かびが パンに ぎっしり
ついている。このパンを
たべると、おなかを
こわすことが ある。

おうちのかたへ

カビは、胞子と呼ばれる状態で空気中を漂っている微生物の仲間です。カビの胞子はパンや果物などの食べ物にくっつくと発芽し、人の目に見える大きさまで成長します。その際、カビは食べ物の栄養分を吸収し、二酸化炭素や水などに変えます。これを「分解」といいます。毒性を持った物質を排出するカビもあるので、カビが生えたものを食べるのは、やめましょう。

細菌も食べ物を分解する微生物です。細菌は、食べ物（おもに肉や魚）のタンパク質を分解し、刺激臭であるアンモニアを排出します。また、細菌は、食中毒の原因になる物質も排出するため、変なにおいがする食べ物は食べないようにしましょう。

パンは どうして ふんわりして いるの？

あさごはんで たべた やきたてパンは、
もっちり、ふんわりしていて、
とても おいしかったよ。
パンは どうして やわらかいのかな。

パンを きってみると、
なかには こまかい あなが たくさん あいています。
このあなが あるため、
パンは ふんわりしているのです。
このあなには、もともと ガスが はいっていました。
パンは、こむぎや みず、
イーストきんなどを まぜて つくります。
イーストきんとは、
パンを ふくらませる ちからを もった
めに みえないほど ちいさな
いきもののことです。
パンが ふんわりしているのは、
イーストきんが パンの きじのなかで
にさんかたんそ（56ページ）と いう ガスを
だすためなのです。

パンの つくりかた

❶ こむぎこ、しお、バター、さとう、みず、イーストきんを まぜ、よく こねて パンきじを つくる。パンきじは おもちのように もちもちに なる。

❷ パンきじを しばらく おくと イーストきんが にさんかたんそを だす。ねばりの ある パンきじは、おおきく ふくらむ。

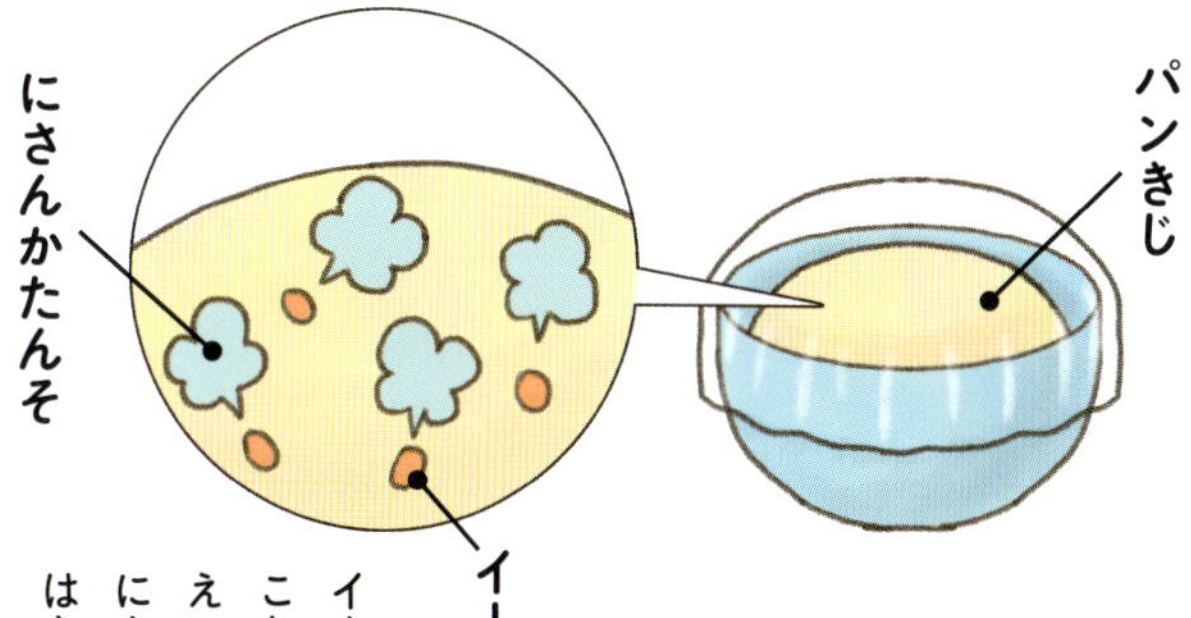

イーストきんは、こむぎこから えいようを もらい、にさんかたんそを はきだす。

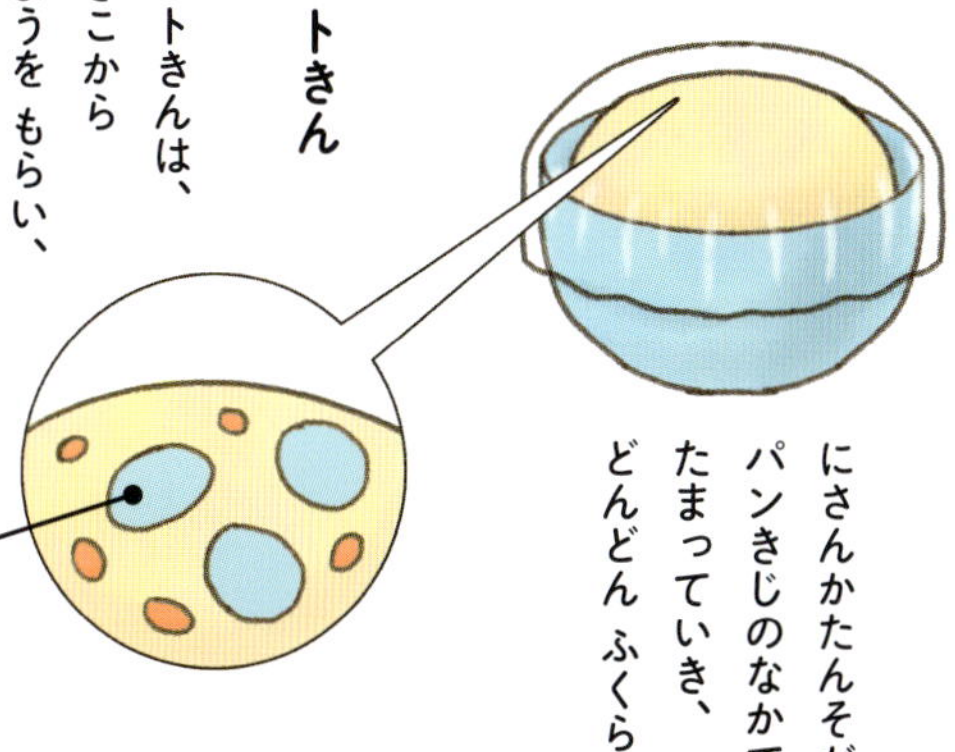

にさんかたんそが パンきじのなかで たまっていき、どんどん ふくらむ。

❸ ふくらんだ パンきじを オーブンで やくと、ふんわりパンの できあがり。

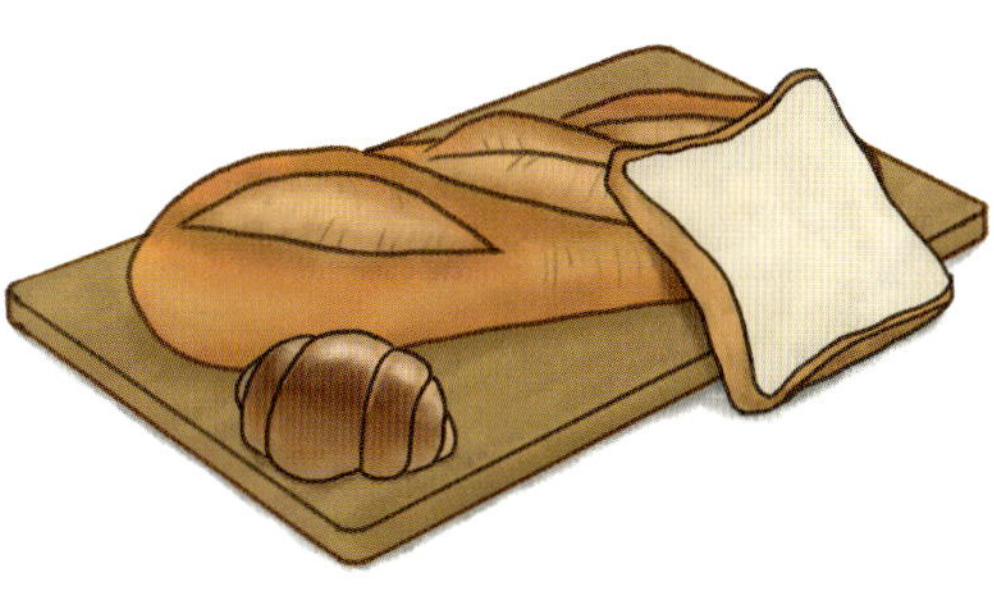

おうちの かたへ

パン生地の材料の小麦粉は、水と混ぜてこねるとグルテンという弾力性のあるタンパク質をつくりだします。イースト菌は、パン生地の中で小麦粉の糖分を取り込み、二酸化炭素とアルコールを排出します。この二酸化炭素がグルテンの中に閉じ込められてパン生地が膨らみ、焼くと膨らんだまま固まります。

パンの中の小さな穴は、二酸化炭素が閉じ込められた痕跡です。微生物が人間にとって有益な状態に変化することを「発酵」といいます。ヨーグルトやチーズをつくる乳酸菌、みそやしょうゆをつくるこうじ菌など、他の菌の増殖を抑え、おいしくて栄養価の高いものへと生まれ変わらせる微生物は数多くあります。

かわを むいた りんごは なぜ ちゃいろに なるの？

かわを むいて すぐの りんごは
なかみが しろっぽいのに、
ほうっておくと ちゃいろに なるね。
どうしてなのかな。

りんごの みのなかには
ポリフェノールと いう えいようの もとが
たくさん ふくまれています。
ふだん、りんごの みは かわに
まもられていますが、
かわを むくと、
くうき（↓56ページ）のなかの さんそが
ポリフェノールと むすびついて
ちゃいろに かわります。
このように、ものが さんそと
むすびつくことを さんかと いいます。

りんごの みは
かわで まもられているため、
さんそは みのなかの
ポリフェノールに
くっつくことが できない。
さんそ
りんご
かわを むくと さんそが
ポリフェノールと くっつく。
さんそと くっついた
ポリフェノール
ポリフェノール

ところが、かわを むいて すぐに
しおみずに つけると
ちゃいろに なりません。
なぜなら、りんごの そとがわに
しおみずの まくが できるためです。
しおみずの まくが できると、
さんそは ポリフェノールと
くっつくことが
できなくなってしまうのです。

しおを とかした みずに
りんごを つけると、
そとがわに
しおみずの まくが できる。
まくに じゃまされて、さんそは
ポリフェノールに
くっつくことが できないので、
りんごは ちゃいろに ならない。
さんそ
しおみずの まく
しおみず

おうちのかたへ

リンゴの実には、ポリフェノールという苦味や色素の成分が含まれています。皮をむいたリンゴの表面が空気に触れると、ポリフェノールが、酸化酵素によって空気中の酸素と結合し、酸化という反応を起こして色が変わります。この変化はリンゴだけではなく、ほとんどの果物で起きます。一説によれば、傷つけられたときに表面を酸化することで病気やカビから身を守っていると考えられています。

茶色くなるのをふせぐには、皮をむいたらすぐにうすい塩水につける方法があります。塩分がリンゴの表面をコーティングして酸化反応をさまたげるため、色の変化をふせげるのです。

たまごは どうして ゆでると かたくなるの？

なまたまごは、とろっと して いるけれど、ゆでたまごは、きみも しろみも かたまって いるよね。ゆでると なぜ かたまるのかな。

たまごを わってみると、とろりと した きいろの きみと とうめいな しろみが でてきます。

たまごを からごと ゆでると、きみも しろみも かたまります。

これは、たまごに はいっている たんぱくしつと よばれる えいようの もとが ねつによって かたまるためです。

たんぱくしつは、さまざまな たべものに ふくまれています。

おにくを やくと、かたくなるのも たんぱくしつが かたまるためです。

たまごのなかには きみと しろみが はいっている。
ふっとうした おゆの ねつが たまごのなかに つたわると、そとがわの しろみから かたまりはじめ、やがて まんなかの きみが かたまる。
ねつ
しろみ
きみ

いろいろな ゆでたまご

ゆでかたを かえると、ちがう ゆでたまごが できます。

かたゆでたまご

ふっとうした おゆで
ながく ゆでれば、
かたゆでたまごが
できる。

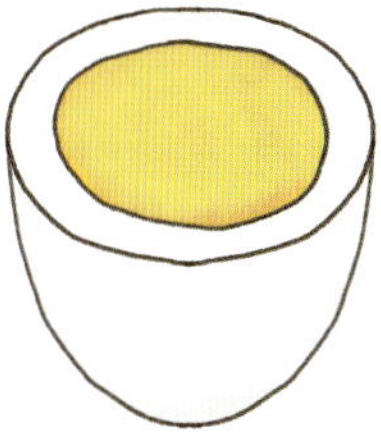

なかまで しっかり
ねつが つたわるため、
しろみも きみも かたい。

はんじゅくたまご

みじかく ゆでれば、
はんじゅくたまごが
できる。

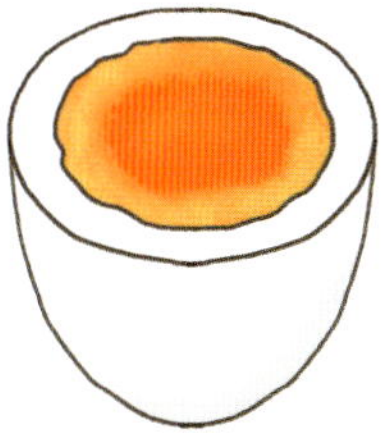

なかまで ねつが
つたわらないため、
しろみは かたいが、
きみは やわらかい。

おんせんたまご

ふっとうするまえの おゆで
ゆっくり あたためると、
しろみが とろっと した
おんせんたまごが できる。

しろみと きみの りょうほうに
じゅうぶんに
ねつが つたわらないため、
しろみも きみも やわらかい。

おにくを やくと、
なかの たんぱくしつが
かたまるだけでは なく、
なかの みずも でてしまうため、
やきすぎると かたくなる。

おうちのかたへ

タンパク質は熱を加えると固まる性質があります。卵の白身にも黄身にもタンパク質が豊富に含まれているため、熱を加えると固まります。肉や魚を焼くと固くなるのも同じ理由です。卵はゆでる時間と温度を変えることで、さまざまな固さのゆで卵になります。沸騰したお湯で約7分ゆでると、白身は固く

黄身は柔らかい半熟卵になり、約12分ゆでると、白身も黄身もしっかり固まった、かたゆで卵になります。約70度の湯に30分ほどつけると、白身は柔らかく黄身はほどよい固さの温泉卵ができます。これは、白身のタンパク質は約80度、黄身のタンパク質は約70度で固まる温度差を利用した調理法です。

つかいすての カイロは どうして あたたかく なるの？

つかいすての カイロは
ひを つかっていないのに
あたたかくなるね。
どんなしかけが あるのかな。

つかいすての カイロのなかには、
てつの こなが たくさん はいっています。
てつは くうき（↓56ページ）のなかの
さんそと くっつくと さびて、
そのときに ねつを だします。
ふくろを あけると
カイロのなかに くうきが はいり、
てつの こなの ひとつぶひとつぶが
いっせいに さびはじめます。
そのため、たくさんの ねつを だし、
カイロは あたたかくなるのです。

カイロの なかみ

カイロ
そとがわの ふくろは くうきを とおさない。
うちがわの ふくろには くうきを とおす ちいさな あなが あいている。
なかには てつの こなが はいっている。くうきのなかの さんそと むすびつくと ねつを だす。
しおや みず、すみなど、てつの こなが くうきと くっつくのを たすけるものも まざっている。
てつ
ねつ
さんそ

おうちの かたへ

使い捨てカイロの内袋の中には鉄の粉が入っています。この粉が空気中の酸素に触れることによって、さびる（酸化する）際に、熱を発生させます。通常、鉄の酸化反応はゆっくり進み、その間に熱がどこかへ逃げるため、普通はさびた鉄から熱を感じることはありません。しかし、使い捨てカイロの鉄の粉は細かく、酸素に触れる表面積が大きいので、鉄は一斉にさび、熱が逃げるひまがないため、温かく感じるのです。

使い捨てカイロの内袋から中身を取り出すと、鉄の粉とたくさんの酸素が一斉に結びつき、１００度くらいまで温度が上がり、やけどをする恐れがあるため、気をつけましょう。

ドライアイスは なぜ とけても みずに ならないの？

アイスクリームを かったとき、とけないようにと、おみせの ひとが はこに ドライアイスを いれてくれた。こおりとは なにが ちがうのかな。

こおりは みずを こおらせて つくります(↓52ページ)。ドライアイスは、にさんかたんそと いう くうき(↓56ページ)のなかにも はいっている ガスを、とくべつな きかいで おしつぶして ひやしたあと、くうきのなかに だして かためたものです。
そのため、こおりは とければ みずに もどりますが、ドライアイスは とけると もとの にさんかたんそに もどります。にさんかたんそは そのまま くうきのなかに にげてしまうので、なにも のこらないのです。

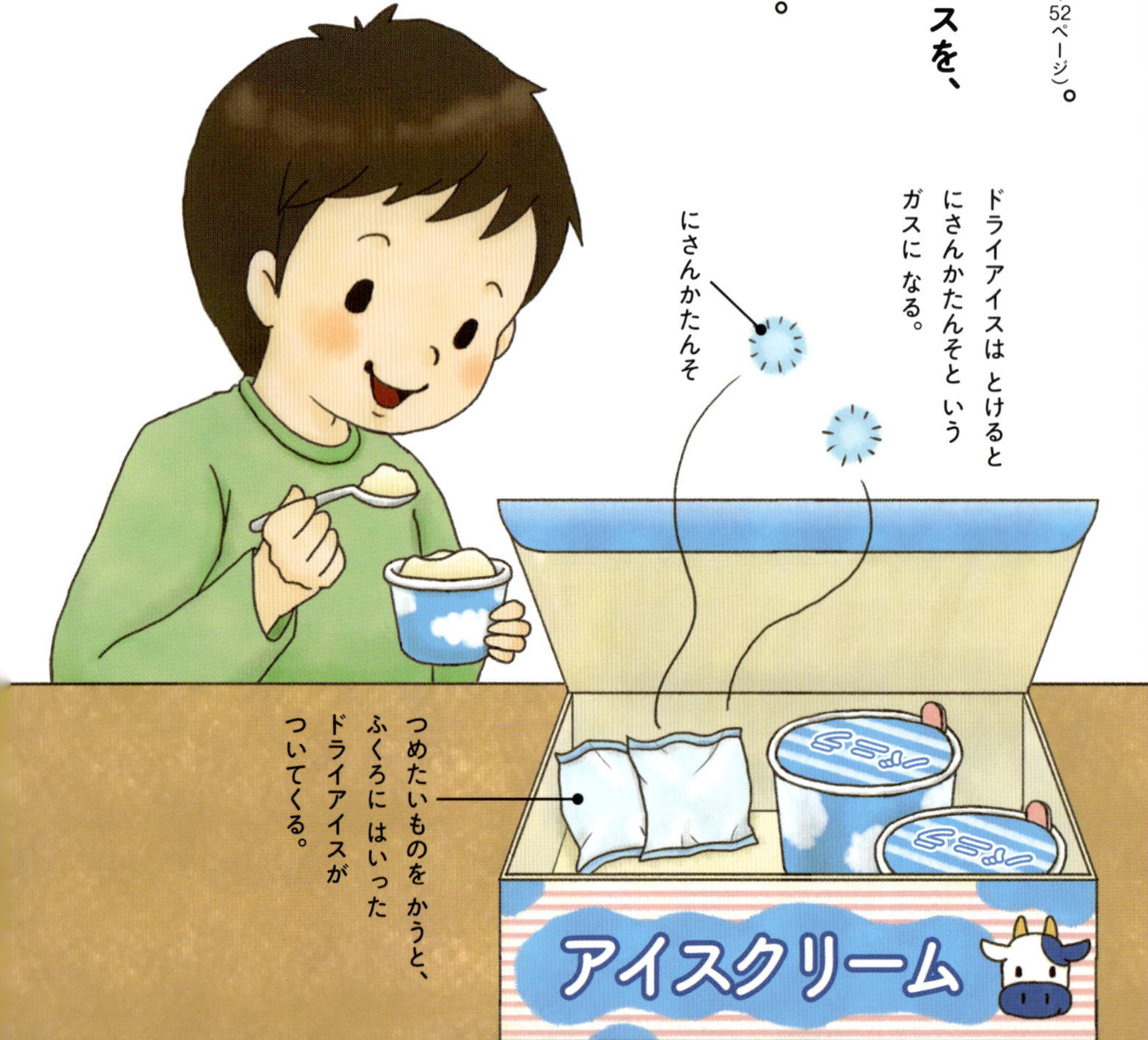
ドライアイスは とけると にさんかたんそと いう ガスに なる。
にさんかたんそ
つめたいものを かうと、ふくろに はいった ドライアイスが ついてくる。
アイスクリーム

ドライアイスを みずに いれると、
しろく もやもやした けむりが でてきます。
これは、みずが ドライアイスに ひやされて、
ちいさな みずの つぶや こおりの つぶが でてくるからなのです。

ぶたいなどで
しろい けむりを
だすために つかわれる。
けむり
ドライアイス
みず

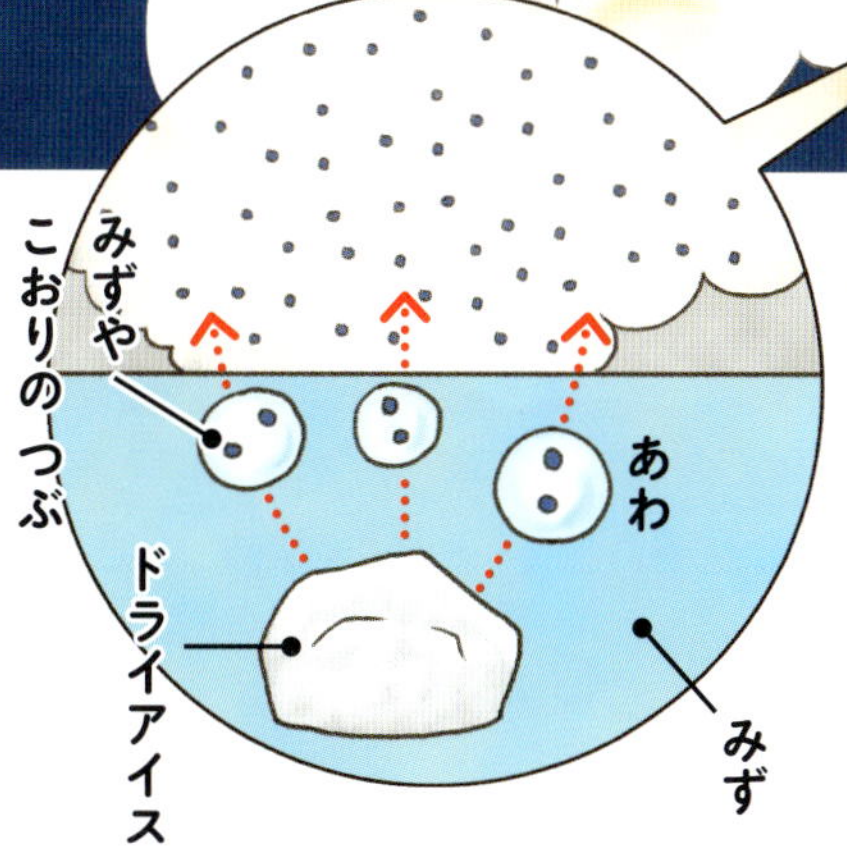

みずや こおりの つぶ
あわ
ドライアイス
みず

ドライアイスによって ひやされた
みずや こおりの つぶが
にさんかたんその ガス（あわ）と
いっしょに そとへ でて、
それが しろい けむりのように
みえる。

きけんな ドライアイス

ドライアイスは こおりより ずっと つめたく、さわると ひふが きずついて やけどしたときと おなじように なるため、とても きけんです。

おうちのかたへ

ドライアイスは二酸化炭素を強い力で冷凍圧縮し、固体に変化させたものです。一般的に物質は、熱をもらうと「固体→液体→気体」の順に状態が変化しますが、ドライアイス（固体の二酸化炭素）は少し特殊で、溶けると液体にはならず気体にもどります。このように固体が液体の段階を経ないで、直接気体になる変化を昇華といいます。ほかに身近な昇華の例として、防虫剤に使われるしょうのうやナフタリンがあります。

ドライアイスは約マイナス79度と非常に低温なので、直接触ると凍傷にかかります。お子様がドライアイスを扱うときはそばにいて、乾いた手ぶくろをはめて触るように指導してください。

えんぴつで かいた じは なぜ けしゴムで けせるの？

こするだけで えんぴつで
かいた じが きえるなんて、
てじなみたい。けしゴムには
どんなひみつが あるのかな。

かみは つるつるに みえますが、
おおきくしてみると でこぼこしています。
かみの うえで えんぴつを うごかして
じや えを かくと、
えんぴつの しんが このでこぼこで
けずれ、くろい こなが でて
かみの うえに くっつきます。
そのくっついたところが
じや えに なるのです。

かいた じや えを
けしゴムで こすると、
かみの うえの くろい こなは
けしゴムに くっつきます。
けしゴムは はりついた こなを
つつみながら はがれます。
これが けしゴムの かすです。

えんぴつの しんから
でた くろい こなが
かみに くっついて
じや えに なる。
えんぴつ
くろい こな
かみ
1+1=2
3+4=7

いろえんぴつで かいた じやえ

いろえんぴつの しんは、いろの もとを ろうそくの ろうで かためて つくられています。いろえんぴつで じや えを かくと、かみの でこぼこの おくまで、ろうと いろの もとが いっしょに はいりこんでしまうので、けしゴムで こすっても きえにくいのです。

いろえんぴつ
ろうで かためた いろの もと
けしゴム
かみ

❶ えんぴつで かいた ところを けしゴムで こすると、けしゴムに くろい こなが くっつく。
けしゴム
❷ さらに こすると、くろい こなの ついたところが はがれる。
けしゴムの かす

おうちの かたへ

紙の表面は繊維が絡まり合ってデコボコしています。その上で鉛筆を動かすと、芯に含まれる黒鉛の粒子がデコボコの表面で削られ、紙の繊維に引っかかって残り、字や絵となります。書いた字や絵を消しゴムでこすると、黒鉛の粒子は消しゴムの表面にくっつき、紙から引き離されます。さらにこすると、消しゴムの表面が黒鉛の粒子を丸め込んではがれ、消しかすとして除かれて、字や絵が消えるのです。

色鉛筆の芯は、色を出すための顔料をロウなどで固めてつくります。顔料とロウは、紙の繊維の奥まで入り込んでしまうため、消しゴムで表面をこすっても、字が消えにくいのです。

せっけんは なぜ よごれを おとせるの？

てに ついた よごれは、みずで
あらっても なかなか おちないね。
でも、せっけんを つかうと
きれいに なるのは なぜだろう。

よごれには、あぶらを ふくむものが
たくさん あります。
あぶらと みずは
うまく まざらないため、
あぶらが まざった よごれを
みずで ながそうと しても、
あぶらが みずを はじいてしまい、
なかなか あらいながせません。

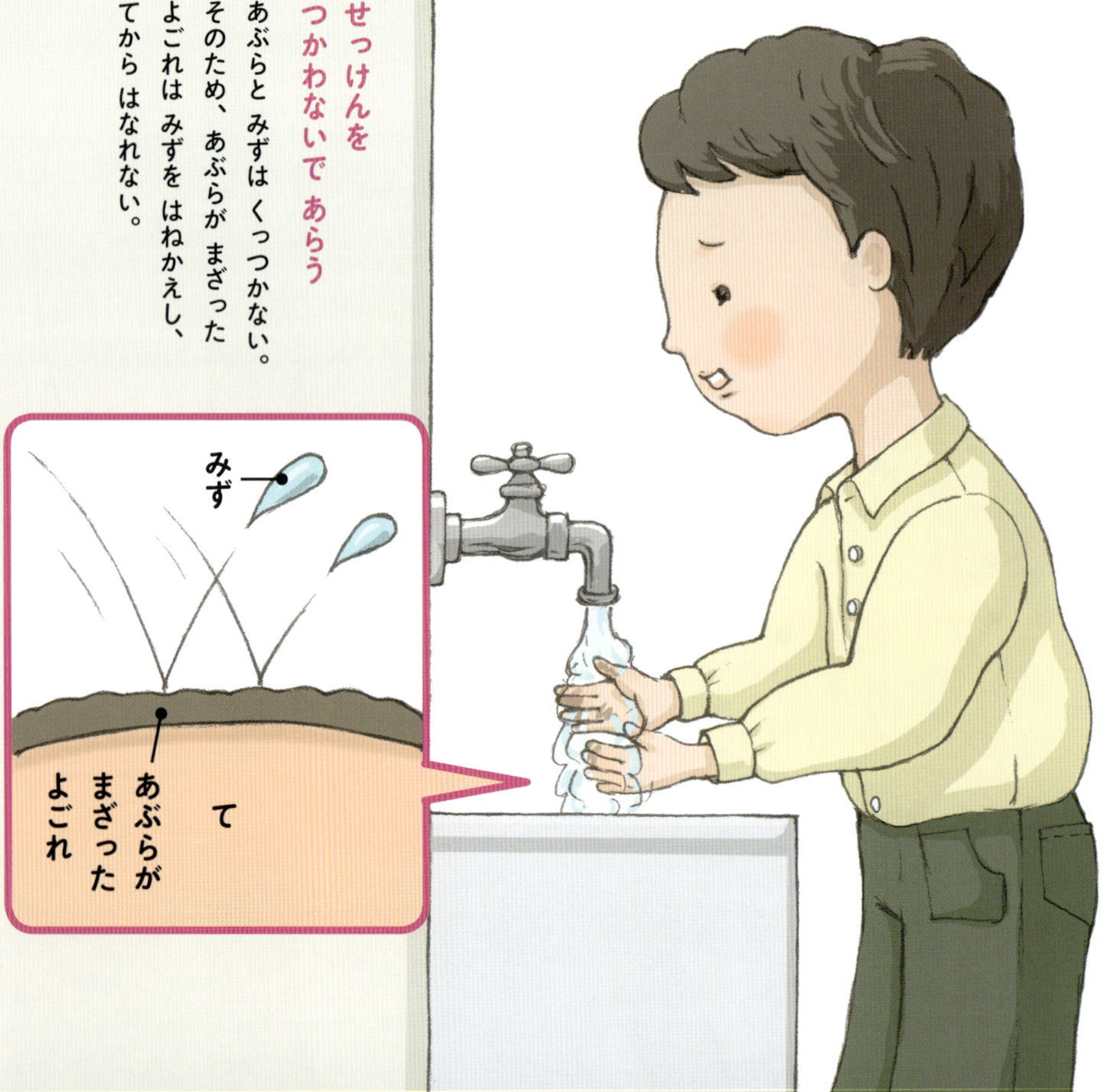

せっけんを つかわないで あらう

あぶらと みずは くっつかない。
そのため、あぶらが まざった
よごれは みずを はねかえし、
てから はなれない。

ところが、せっけんを つかうと あらいながせます。せっけんの あわは あぶらとも みずとも まざるため、そのまま あわを みずで あらいながせば、てが きれいに なると いうわけです。

せっけんを つかって あらう

せっけんのなかには、あぶらと みずを くっつける つぶ（かいめんかっせいざい）が はいっている。かいめんかっせいざいが、よごれを とりかこみ、てから ひきはなす。

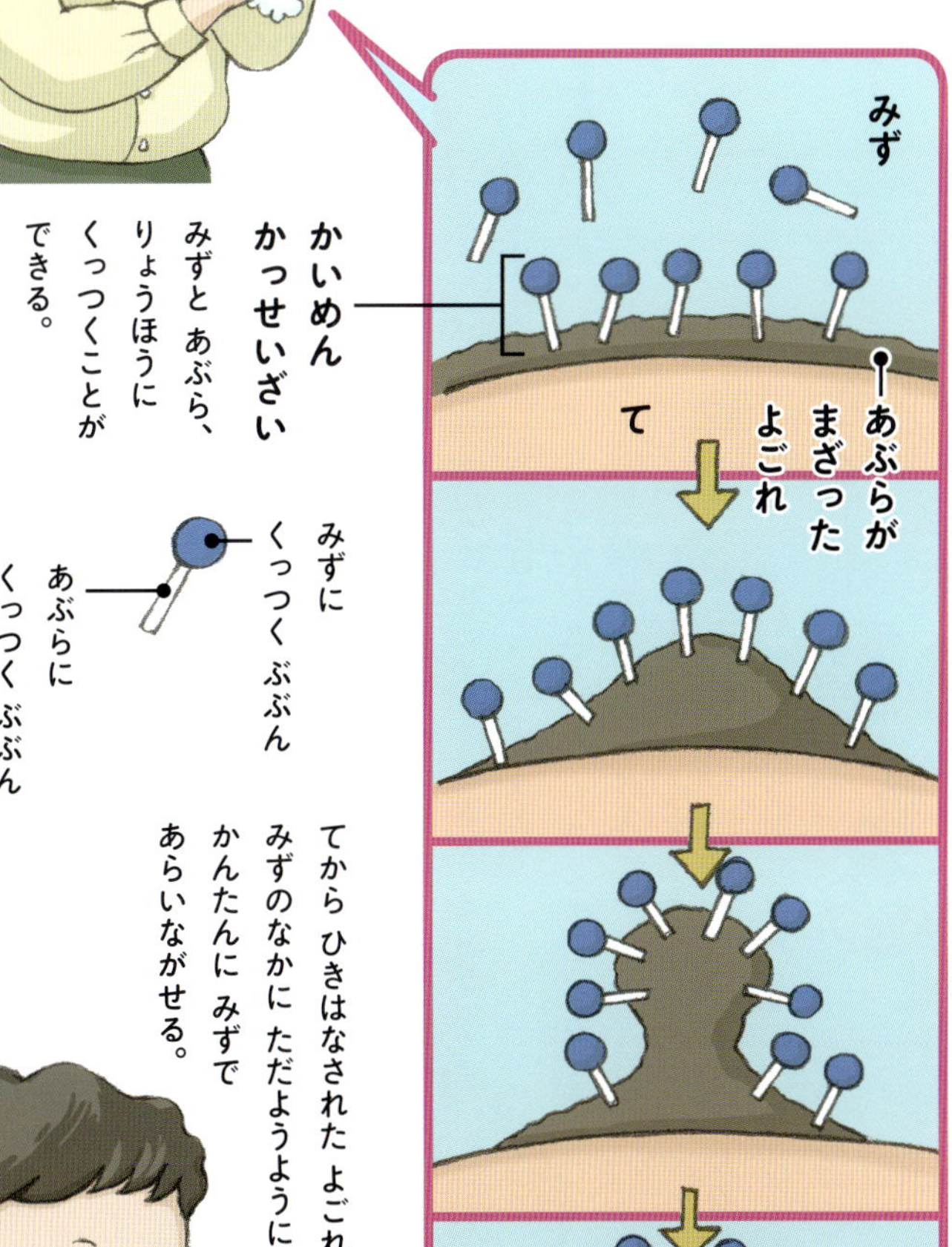
みず
かいめん かっせいざい
みずと あぶら、りょうほうに くっつくことが できる。
て
あぶらが まざった よごれ
みずに くっつく ぶぶん
あぶらに くっつく ぶぶん
てから ひきはなされた よごれは、みずのなかに ただようように うくので、かんたんに みずで あらいながせる。

おうちのかたへ

水と油はお互いに溶け合いません。そのため、両者の境目には界面ができます。水と油をお互いに溶け合わすかのようにはたらきかけるものが「界面活性剤」です。界面活性剤は、親水基（水になじむ部分）と、疎水基（油になじむ部分）が組み合わさってできています。油になじむ疎水基が油汚れにくっついて取りかこみ、水になじむ親水基が油汚れを手から浮かび上がらせるので、手がきれいになります。ですから、手をきれいに洗うためには、石けんの泡を手の隅々まで行き渡らせ、汚れを浮かび上がらせてから、水で流すことが大切なのです。

じしゃくは どうして くっつくの?

じしゃくに クリップや くぎを ちかづけると、すいよせられて くっついたよ。てじなみたいで ふしぎだね。

じしゃくと じしゃくを ちかづけると ひきよせあったり しりぞけあったりします。じしゃくに、てつで できた クリップや くぎを ちかづけると、ひきよせられて くっつきます。このじしゃくの ちからを じりょくと いいます。

みの まわりに ある すべてのものは、めに みえないほどの ちいさな げんしと よばれる つぶから できています(↓130ページ)。クリップや くぎも おなじです。ひとつひとつの げんしは じりょくを もっていますが、そのむきは ばらばらなので、おたがいの じりょくを うちけしあっています。そのため、クリップや くぎには、じしゃくのように ひきよせる ちからは ありません。

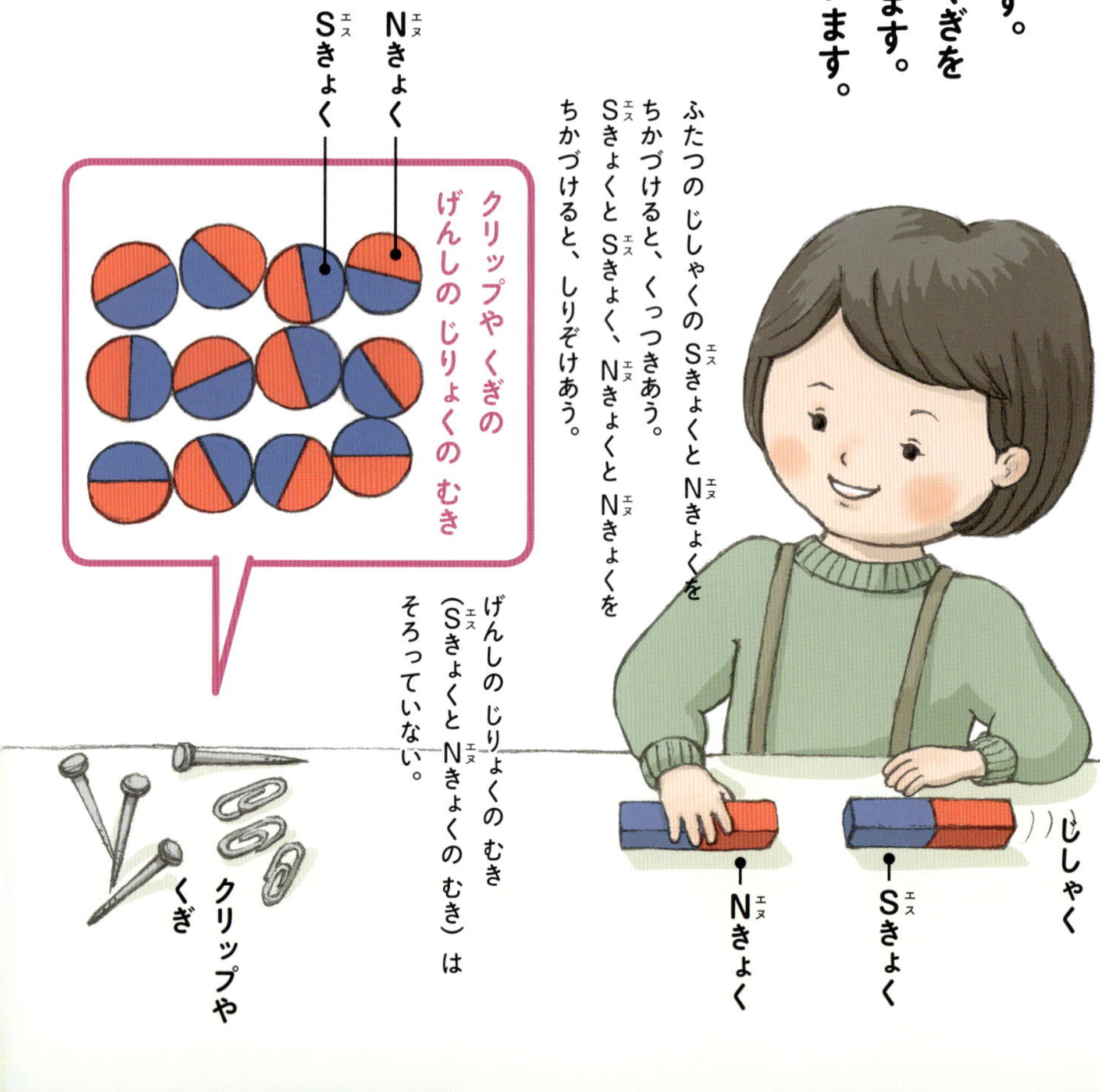

ふたつの じしゃくの S《エス》きょくと N《エヌ》きょくを ちかづけると、くっつきあう。S《エス》きょくと S《エス》きょく、N《エヌ》きょくと N《エヌ》きょくを ちかづけると、しりぞけあう。

げんしの じりょくの むき (S《エス》きょくと N《エヌ》きょくの むき) は そろっていない。

ところが、てつで できた クリップや くぎに
じしゃくを ちかづけると、
てつの げんしの じりょくの むきが そろい、
じしゃくのように くっつく ちからを もちます。
そのため、クリップや くぎは、
じしゃくに ひきよせられ くっつくのです。
じしゃくに くっつくのは、
クリップや くぎなどで つかわれている
てつ、コバルトなどの きんぞくだけです。

じしゃくに くっつくもの

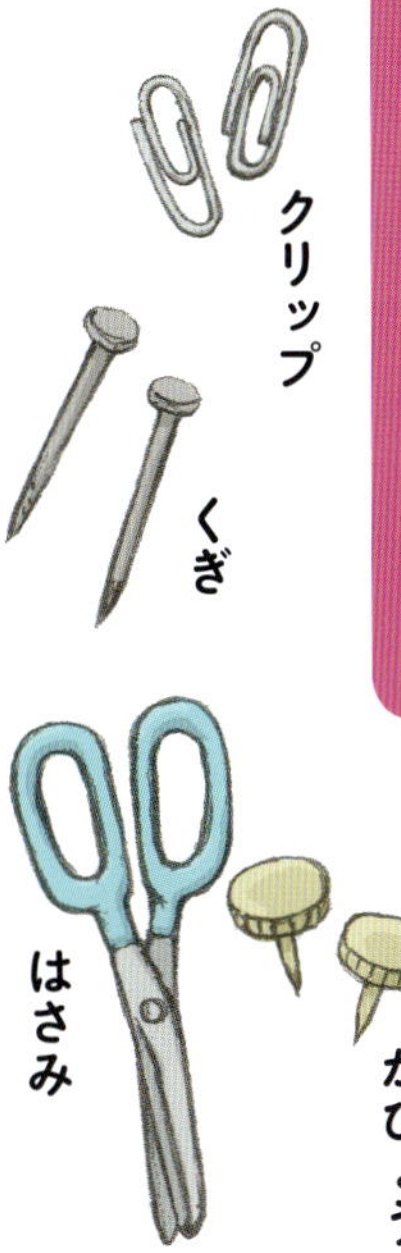

クリップ
くぎ
はさみ
がびょう

じしゃくを ちかづけると げんしの じりょくの むきが そろう。

おうちのかたへ

ものの最小単位である原子は、中心にある原子核（陽子、中性子→104ページ）と、そのまわりを回る電子からできています。これらの電子がそれぞれ原子核のまわりを回転することで、個々の原子が磁石のように振る舞います。

磁石に鉄やコバルトなどの金属を近づけると、金属の原子の磁力の向き（S極とN極の向き）がすべて同じ方向に揃い、金属全体が磁石の性質を帯びて磁石にくっつきます。

磁石は鉄、ネオジムなどの金属を混ぜ合わせてつくります。このとき、外から強い磁力を与えることで、原子の磁力の向きが揃い、磁石となります。

ラップは なぜ はりつくの？

おさらに ラップを
のせると すいつくように
ピタッと はりつくよね。 のりが
ついていないのに ふしぎだね。

みの まわりに ある すべての ものは、
めに みえないほどの
ちいさな つぶ（ぶんし↓130ページ）から
できています。
ラップも おなじです。
ぶんしと ぶんしは おたがいに
ひきあう ちからを もっています。
つるつるしている ラップの ひょうめんを
ぶんしが みえるほど おおきくしてみても、
やはり たいらに みえます。
そのため、すきまが できないように
ラップを おさらに ちかづけると、
ラップと おさらに ひきつけあう ちからが
うまれて ぴったり はりつくのです。

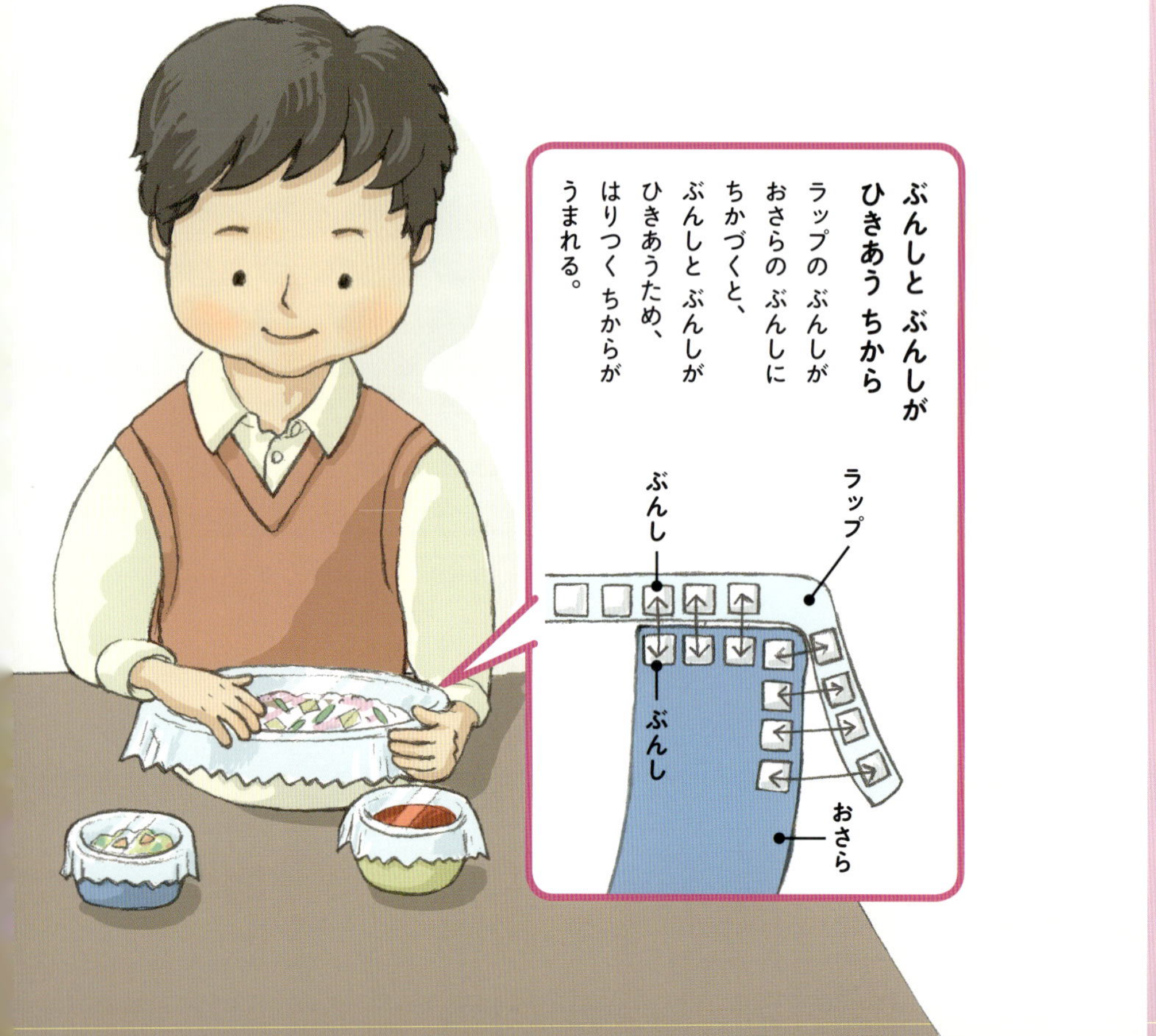

ぶんしと ぶんしが ひきあう ちから
ラップの ぶんしが おさらの ぶんしに ちかづくと、 ぶんしと ぶんしが ひきあうため、 はりつく ちからが うまれる。
ラップ
ぶんし
ぶんし
おさら

ラップが はりつく
もうひとつの りゆうは せいでんきです（↓96ページ）。
せいでんきとは、ものと ものを
こすりあわせたときに うまれる
でんきのことです。
したじきで かみのけを こすると、
したじきに かみのけが くっつくのが
せいでんきの ちからです。
ラップを はこから ひきだすときにも、
ラップと はこが こすれて
せいでんきが うまれます。
このせいでんきの ちからで、
ラップは おさらに
しっかりと はりつくのです。

せいでんきが ひきあう ちから
ラップに たまった マイナスの でんきの つぶが おさらの プラスの でんきの つぶと ひきあうため、 はりつく ちからが うまれる。
ラップ
マイナスの でんきの つぶ
プラスの でんきの つぶ
おさら

おうちのかたへ

ものとものをすき間なく近づけると、分子間力という、分子と分子の間で引き合う力が生じます。その力は、接する面積が大きいほど強くはたらきます。表面がつるつるのラップは、分子レベルでもほぼ平らなので、食器とすき間なく近づくことができ、この力が強くはたらき密着します。

また、ラップは、静電気が生じやすいポリ塩化ビニリデンという材質でつくられています。静電気を帯びたものはくっつきやすくなる性質があるため、箱から引き出す際に発生する静電気の力で、ラップは食器に密着します。ラップは湿ると静電気の力が弱まるため、水にぬれるとはりつきにくくなります。

はなびは なぜ いろいろな いろが でるの？

よぞらに うちあがる はなびは
とても きれいだね。
でも、どうして いろいろな いろの
はなびが あるのか ふしぎだね。

そらに うちあげられた はなびは、かみで できた ボールのなかに ちいさな くすりを たくさん つめて つくります。
このちいさな くすりの しょうたいは、ボールを ばくはつさせて わるためのもので、かやくと いいます。
かやくには、はなびの いろを だすための どうや ナトリウムなどの きんぞくの こなを まぜます。
きんぞくの こなは、もえると あかや きいろなど、いろいろな いろに なります。
はなびは、そらで ばくはつして きんぞくの こなと いっしょに もえるので、いろいろな いろに なるのです。

はなびのなか

きんぞくの こなを まぜた かやくが いっぱい ならんでいる。
そらに うちあがると たまが ばくはつして、かやくが ひかりを だしながら もえて とびちる。

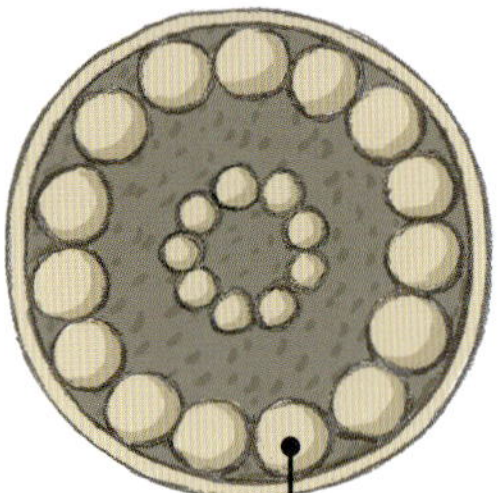
かやくに きんぞくの こなを まぜたもの。

おうちのかたへ

金属を高温に熱すると種類ごとに違う色の光を出します。この性質を炎色反応といいます。銅は青緑色、ナトリウムは黄色、ストロンチウムは赤色の光が出ます。みそ汁の鍋が吹きこぼれると、みそに含まれる塩分のナトリウムが燃えるため、ガスの炎が黄色くなることがあります。これも炎色反応です。

花火はこの炎色反応を利用したもので、紙製の玉の袋の中に、火薬に金属の粉を混ぜた「星」と呼ばれる小さな玉を詰めてつくります。花火の模様や色は、火薬にどんな金属の粉を混ぜ、どのように玉の中に並べるかで決まります。花火は打ち上げられると燃えて散らばり、炎色反応によって美しい光を出すのです。

はなびの いろ
はなびのなかの
きんぞくが
もえて いろいろな
いろが でる。
どう（あおみどり）
ナトリウム（きいろ）
ストロンチウム（あか）

もののへんかに かんけいする ことば①

びせいぶつ
微生物《びせいぶつ》

めに みえないほど ちいさな いきもの。
かびや さいきんは
びせいぶつの なかま。

（→106ページ、→108ページ）

くうきのなかには
たくさんの
びせいぶつが
ただよっている。
びせいぶつ

かび

ほうしと いう めに みえない
すがたで くうきのなかを ただよう。
たべものなどに くっつくと、
ほうしから めを だし、
ねのようなものを
はりめぐらせて みえるように なる。

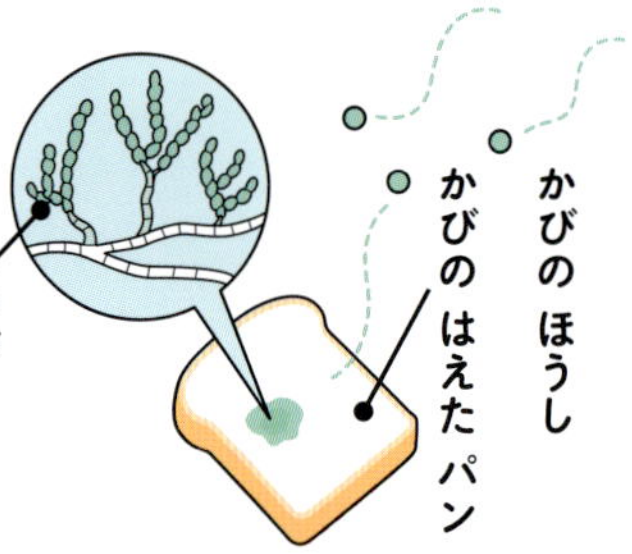

かびの ほうし
かびの はえた パン
かび

さいきん

たべものに くっつくと
ふえて たべものを くさらせる。
びょうきを ひきおこす
さいきんや
ひとの やくに たつ
さいきんが いる。

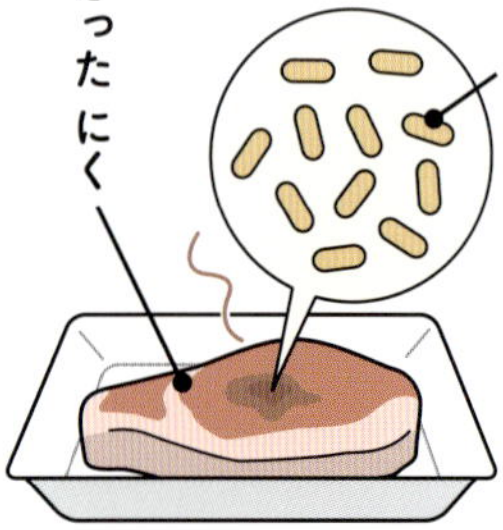

さいきん
くさった にく

ぶんかい
分解《ぶんかい》

びせいぶつなどが、
たべもののなかの
たんぱくしつや でんぷんなどを
こまかく ばらばらに して
べつのものに かえてしまうこと。
ぶんかいされた たべものは、
くさっていたり、
びせいぶつが はきだした
どくが はいっていたりする
ことも あるため、
たべられない。

（→106ページ）

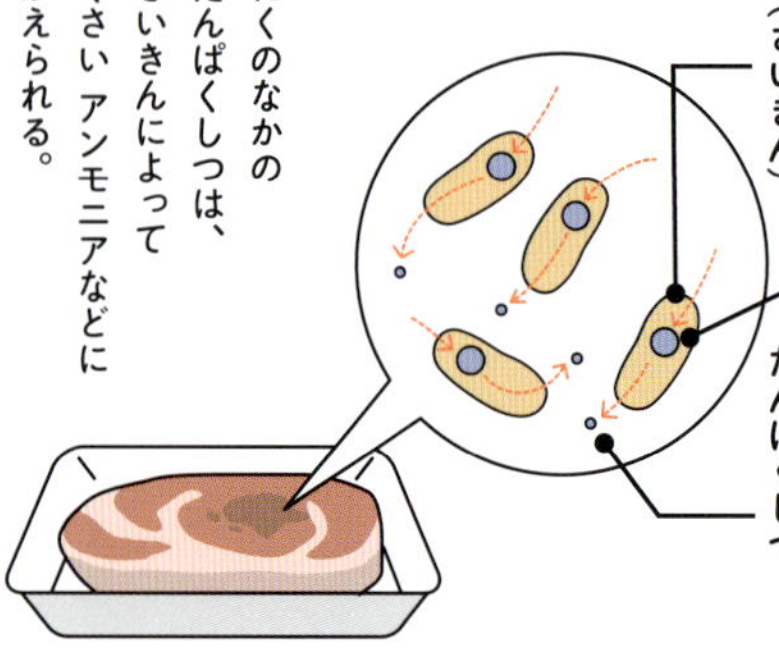

びせいぶつ
（さいきん）
たべもののなかの
たんぱくしつ
ぶんかいされた
たんぱくしつ

にくのなかの
たんぱくしつは、
さいきんによって
くさい アンモニアなどに
かえられる。

はっこう
発酵《はっこう》

びせいぶつが たべものを
ぶんかいすることで、
たべものが おいしくなったり
ながもちするように
なったりすること。

（→108ページ）

はっこうで できる たべもの

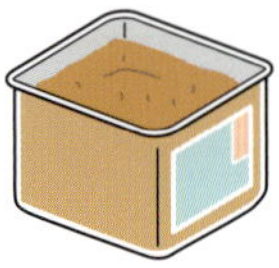

みそ

しょうゆ
しょうゆ

パン

ヨーグルト
ヨーグルト

なっとう

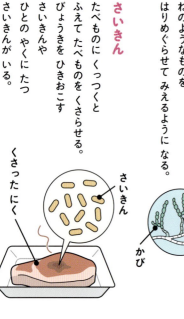

ポリフェノール

くだものや やさいなどに
はいっている、
いろや にがみの もと。
さんかを ふせぐ
はたらきが ある。

ポリフェノールが
はいっている たべもの

くだもの
おちゃ
チョコレート

(→110ページ)

さんか
酸化

ものが くうき(→56ページ)の
なかの さんそと
むすびつくこと。

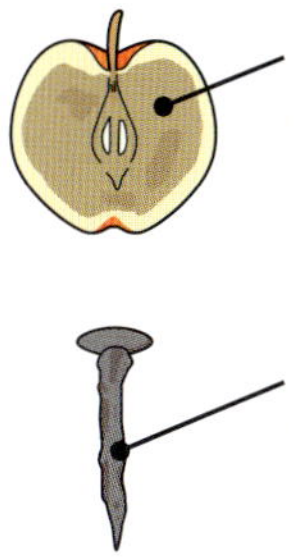
りんごのなかの
ポリフェノールが
さんかして
ちゃいろく なる。
くぎの てつが
さんかして
さびる。

(→110ページ、→114ページ)

こうそ
酵素

いきものの からだのなかに ある
たんぱくしつの ひとつ。
ぶんかいや さんかなどの
ものの へんかを たすける。
りんごの いろが
ちゃいろく なるのは、
さんかを たすける
こうそが はたらくため。

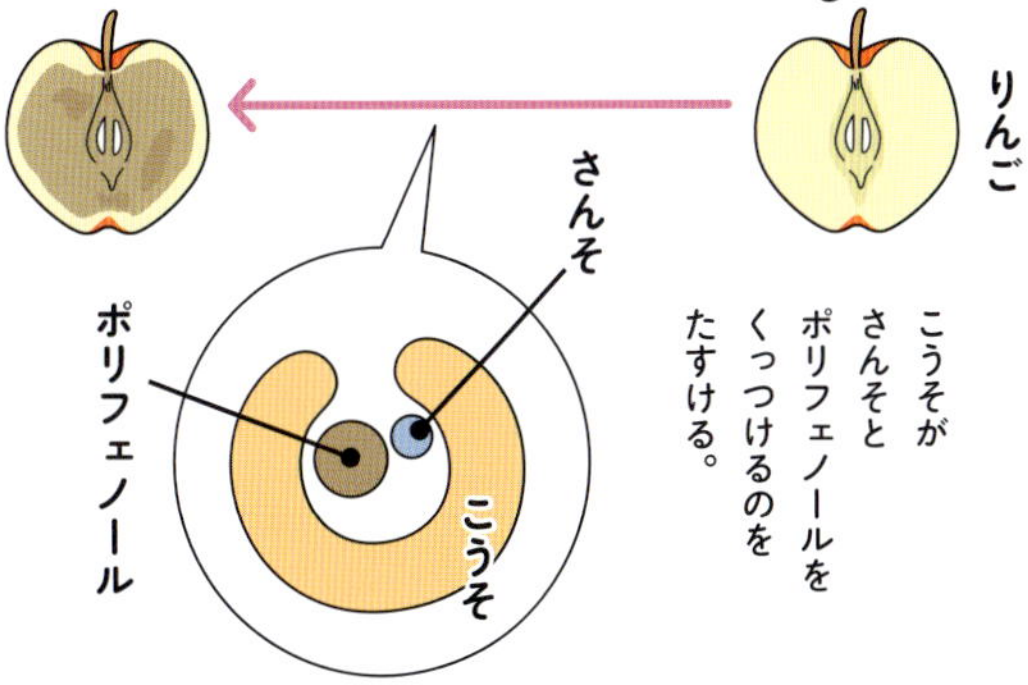
りんご
こうそが
さんそと
ポリフェノールを
くっつけるのを
たすける。
さんそ
ポリフェノール
こうそ

(→110ページ)

たんぱくしつ
たんぱく質

おもに にくや さかな、
たまご、だいずなどに
はいっていて、
ひとの からだを つくる
えいように なるもの。

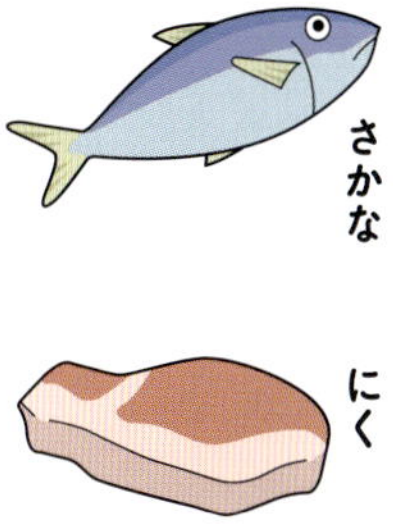
さかな
にく

(→112ページ)

へんせい
変性

ねつなどによって
たんぱくしつの すがたが
かわること。

なまたまごを ゆでると、
なまたまごの たんぱくしつが
ねつで かたまり、
ゆでたまごに なる。

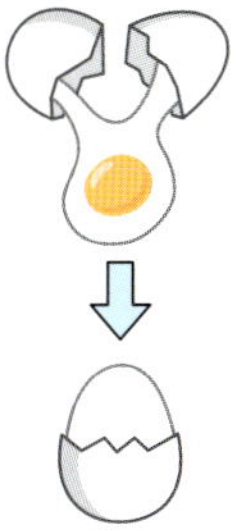

(→112ページ)

しょうか
昇華

ドライアイスなどの
こたい(→64ページ)が とけても、
えきたい(→64ページ)に ならずに、
そのまま きたい(→64ページ)に なること。
また、きたいが そのまま
かたまり、こたいに なること。

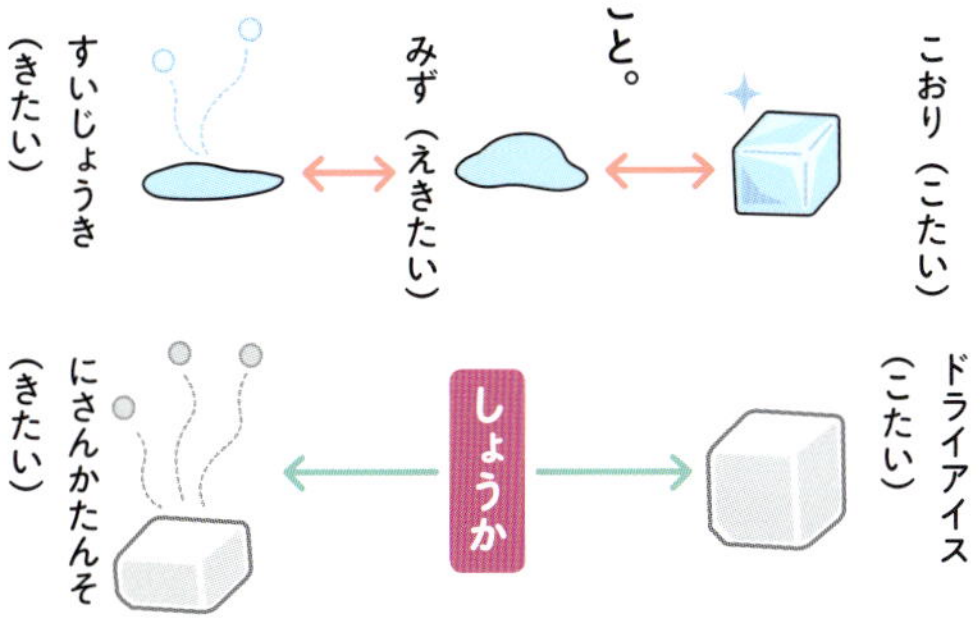
こおり (こたい)
みず (えきたい)
すいじょうき (きたい)
ドライアイス (こたい)
しょうか
にさんかたんそ (きたい)

(→116ページ)

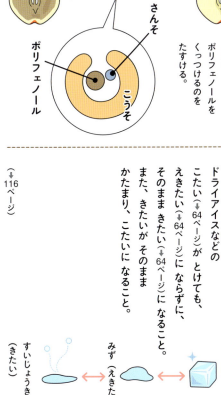

もののしくみに かんけいする ことば

かいめんかっせいざい
界面活性剤

みずと あぶらなどの まざりにくい ふたつのものを、まざりやすくするもの。せっけんや せんざいなどに ふくまれている。

（→120ページ）

みずと あぶらは まざらない。
あぶら
みず
せんざい
みずと あぶらが まざる。

げんし
原子

すべてのものを つくる もとに なっている ちいさな つぶ。
ちきゅうじょうでは、100しゅるいを こえる げんしが あることが わかっている。

ぶんし
分子

げんしが いくつか あつまって できた、ちいさな つぶ。

すいそげんしと さんそげんしが あつまると みずぶんしに なる。みずぶんしが あつまると、みずに なる。

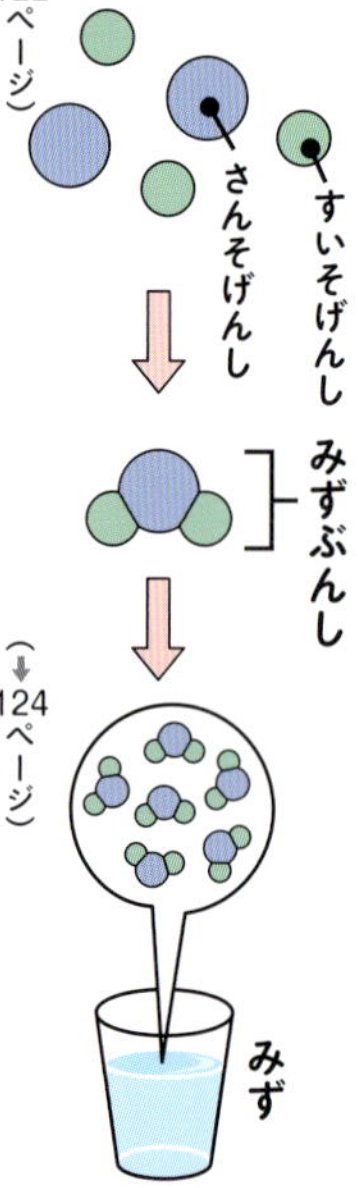
すいそげんし
さんそげんし
みずぶんし
みず

（→122ページ）
（→124ページ）

じしゃく
磁石

てつを ひきよせる ちからを もっているもの。N《エヌ》きょくと、S《エス》きょくが あり、ちがう きょくどうしを ちかづけると くっつき、おなじ きょくどうしを ちかづけると しりぞけあう。このちからを じりょくと いう。

（→122ページ）

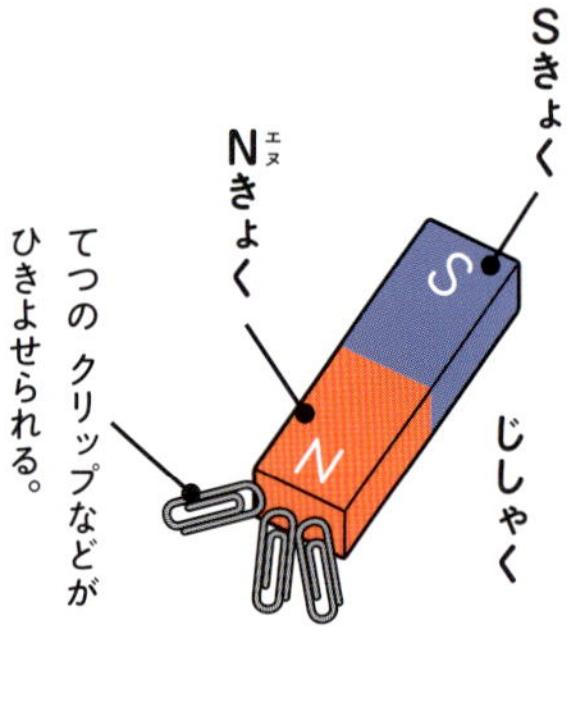
S《エス》きょく
N《エヌ》きょく
てつの クリップなどが ひきよせられる。
じしゃく

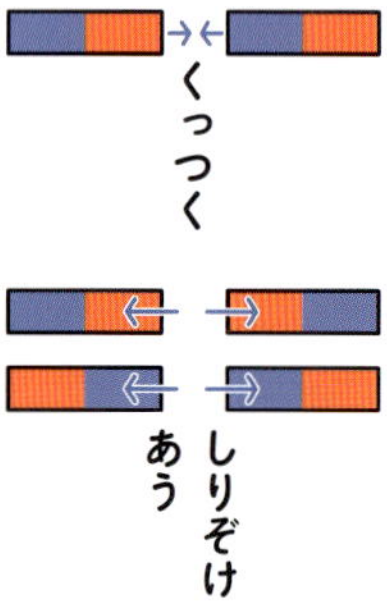
くっつく
しりぞけあう

ぶんしかんりょく
分子間力

ぶんしと ぶんしが ひきよせあう ちから。もののひょうめんが でこぼこしているより、つるつるしているほうが、ぶんしと ぶんしは、つよく ひきよせあい、ものと ものが ぴったりと くっつく。

（→124ページ）

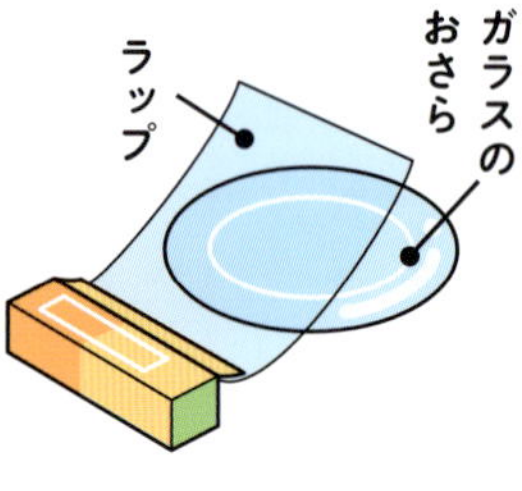
ガラスの おさら
ラップ

ひょうめんが つるつるの ラップは、つるつるの ガラスの おさらと ぴったりくっつくが、ひょうめんが ざらざらの きの おさらには、くっつきにくい。

きの おさら

6

ちきゅう・うちゅう

よるに なると、たいようは どこへ きえるの？

ひるま、そらを てらしていた
おひさまが やまの むこうに きえて、
よるに なったよ。よる、おひさまは
どこに いるのかな。

たいようは ひがしから のぼり、
にしに しずみます。
でも、うごいているのは、たいようでは なく、
ちきゅうの ほうです。
ちきゅうは ボールのような まるい かたちを していて、
ちじくと いう、ちきゅうの まんなかを
とおる じくを ちゅうしんに、
1にちに ひとまわり（1かいてん）して います。
そのちきゅうの うえに わたしたちが いるため、
たいようが うごいているように みえるのです。

ゆうがたに なると にしの そらに
たいようが しずみ、
やがて そらが くらくなる。

たいようと むかいあっているほうの
ちきゅうは、
たいようの ひかりが あたって ひるに なり、
そのはんたいがわは よるに なります。
わたしたちが いる ばしょが ひるの ときは、
ちきゅうの はんたいがわの ばしょが
よるに なるわけです。

たいよう
たいようの ひかり

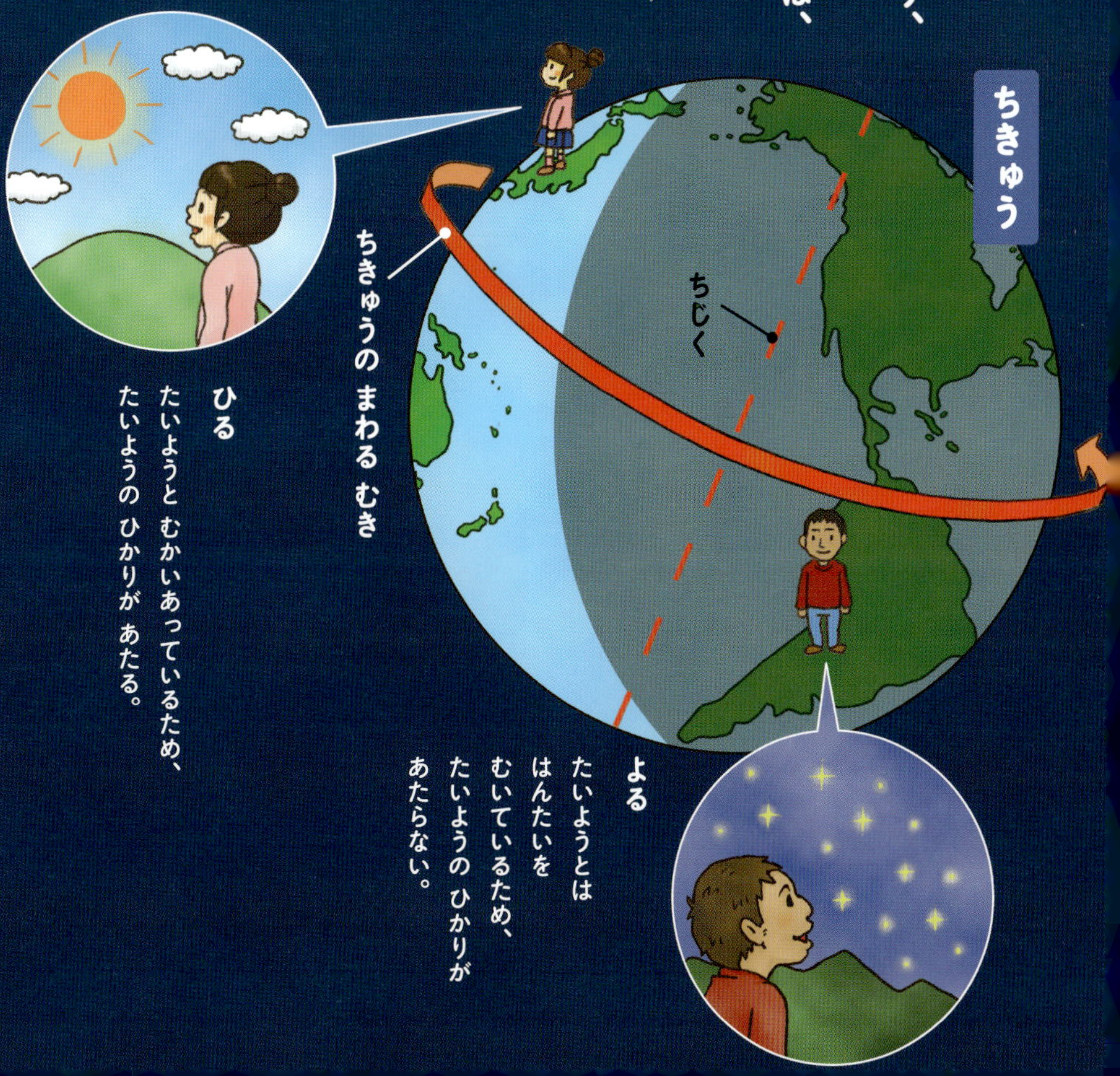
ちきゅう
ちじく
ちきゅうの まわる むき
ひる
たいようと むかいあっているため、
たいようの ひかりが あたる。
よる
たいようとは
はんたいを
むいているため、
たいようの ひかりが
あたらない。

おうちのかたへ

地球は、北極点と南極点を結ぶ地軸を中心に、西から東へ、1日1回転（自転）しています。太陽が東から昇り、西へ沈むのは地球が自転をしているからです。16世紀、コペルニクスが地動説を発表する以前、人々は地球が宇宙の中心にあり、太陽やほかの星が地球のまわりを回っていると考えていました。

自転のはじまりは、太陽系が誕生した46億年前まで遡ります。地球が形成される際、まわりからその材料となるガスやちりなどが渦のように回転しながら集まったとされています。このときの回転のエネルギーが今でも残っていて、地球は自転を続けているのです。

なぜ きせつが あるの？

あたたかい はる、あつい なつ、すずしい あき、さむい ふゆ。1ねんの あいだに きせつが かわるのって ふしぎだね。

ちきゅうは、たいようの まわりを 1ねんで ひとまわり（1かいてん） しています。これを こうてんと いいます。ちきゅうは ちじくを かたむけたまま こうてんしているため、ちきゅうから みた たいようの たかさが きせつによって かわることに なります。

ちきゅうは かたむきながら およそ 1ねん かけて たいようの まわりを ひとまわりしている。

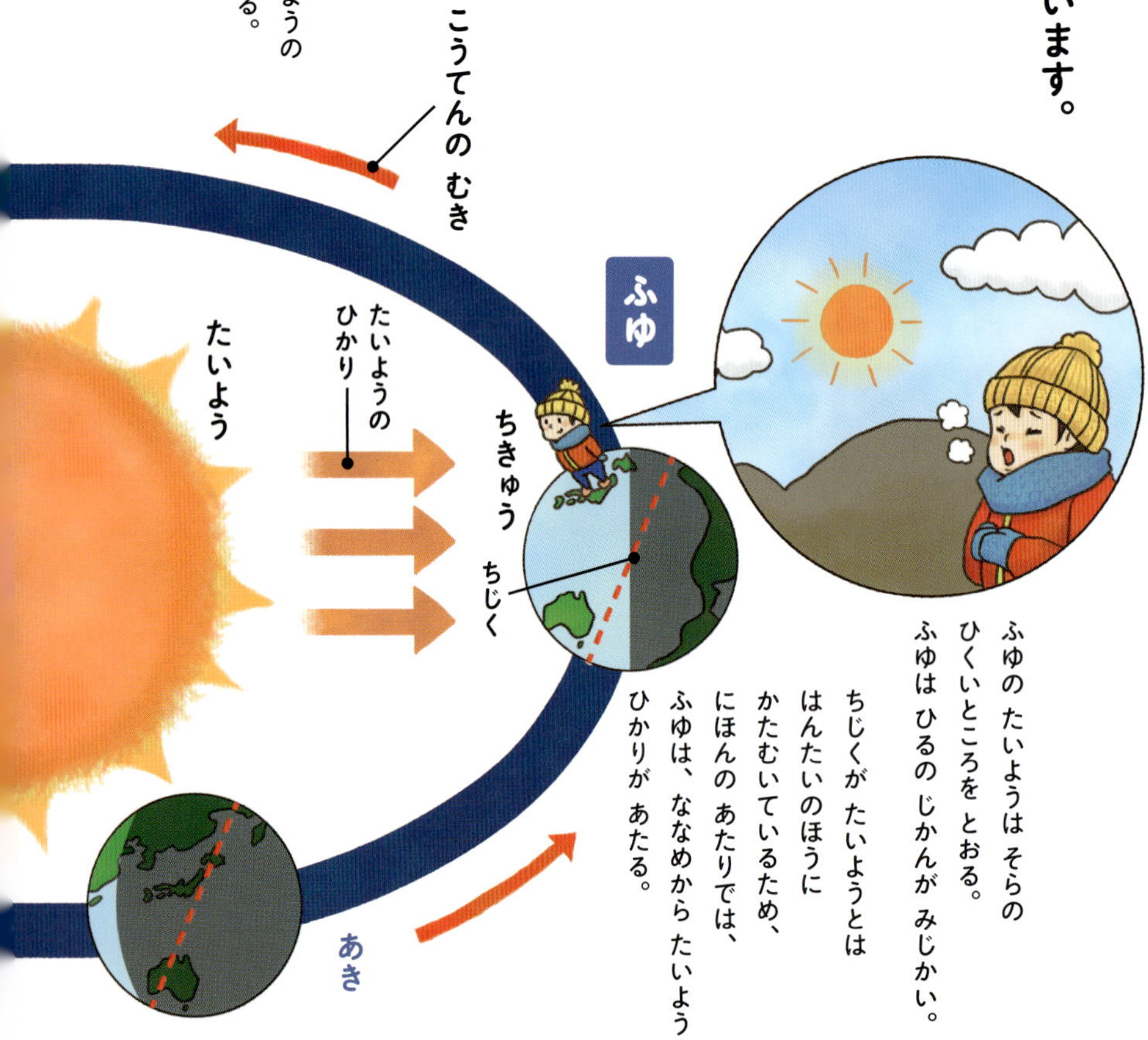

こうてんの むき
ふゆ
たいようの ひかり
たいよう
ちきゅう
ちじく
あき
ふゆの たいようは そらの ひくいところを とおる。ふゆは ひるの じかんが みじかい。
ちじくが たいようとは はんたいのほうに かたむいているため、にほんの あたりでは、ふゆは、ななめから たいようの ひかりが あたる。

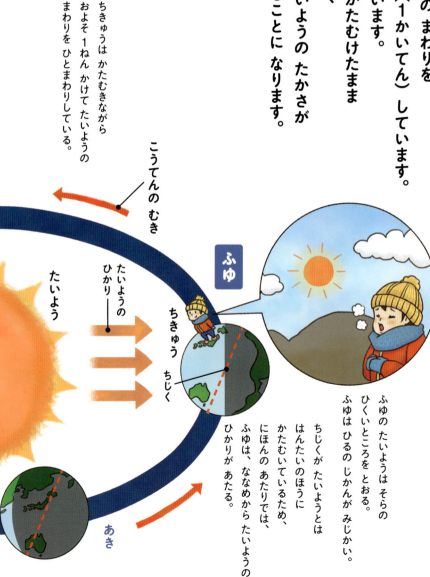

たいようが たかいところに あると、
ひかりが じめんに まっすぐ あたるので
じめんを より たくさん あたため、
きおんが あがります。
そのため、 たかいところに
たいようが あると なつに なります。
ひくいところに たいようが あると、
ひかりが ななめから あたるので
あまり きおんが あがらず、
ふゆに なります。
はると あきは、
なつと ふゆの あいだの
たかさに たいようが あるため、
ちょうど いい あたたかさに なります。
こうてんに あわせて、
ちきゅうでは はる、 なつ、 あき、 ふゆと いう
きせつが くりかえされるのです。

ちじくが たいようのほうに
かたむいているため、
にほんの あたりでは、
なつは、 ほぼ まうえから
たいようの ひかりが あたる。

なつの たいようは そらの
たかいところを とおる。
なつは ひるの じかんが ながい。

おうちの かたへ

地球は、地軸を23.4度傾けながら公転しているため、地球から見た太陽の高さが、季節によって変わります。太陽の高さが高い位置にあるときが夏、低い位置にあるときが冬です。春と秋の太陽の位置は、おおむね夏と冬の間です。

夏は、太陽の位置が高くなるため、単位面積あたりの地面に当たる日光の量が増えます。また、日の出から日の入りまでの時間が長くなるため、地面が温まり、気温が上がるのです。

一方、太陽の位置が低くなる冬は、単位面積あたりの地面に当たる日光の量が減り、日の出から日の入りまでの時間が短くなるため、気温が下がるのです。

つきは どうして かたちが かわるの？

このまえ みた ほそい つきが、きょうは まんまるの つきに なっていたよ。どうして つきは かたちが かわるのかな。

つきは ちきゅうと おなじ、まるい かたちを しています。つきは たいようの ひかりに てらされて ひかっています。つきが かけて みえるのは、たいようの ひかりが あたらず かげに なっているところが あるためです。

たいようの ひかりが あたっている ところだけが ひかって みえるため、かけているように みえる。

つきは ちきゅうの まわりを
およそ 1かげつ かけて
ひとまわり（1しゅう）します。
つきの はんぶんは、
いつも たいようの ひかりに
てらされていますが、
つきが ちきゅうの まわりを
まわるに つれ、
ちきゅうから みえる
つきの あかるい ぶぶんが
かわっていきます。
そのため、ちきゅうから
つきを みたとき、
いろいろな かたちに みえるのです。
これを つきの みちかけと
いいます。

つきの みちかけ

つきが、ちきゅうの まわりの どこに いるかによって、つきの かたちが かわって みえる。
しんげつの つきは、ひるまの そらに のぼっているが、すべて かげに なっているので、ちきゅうからは みることは できない。

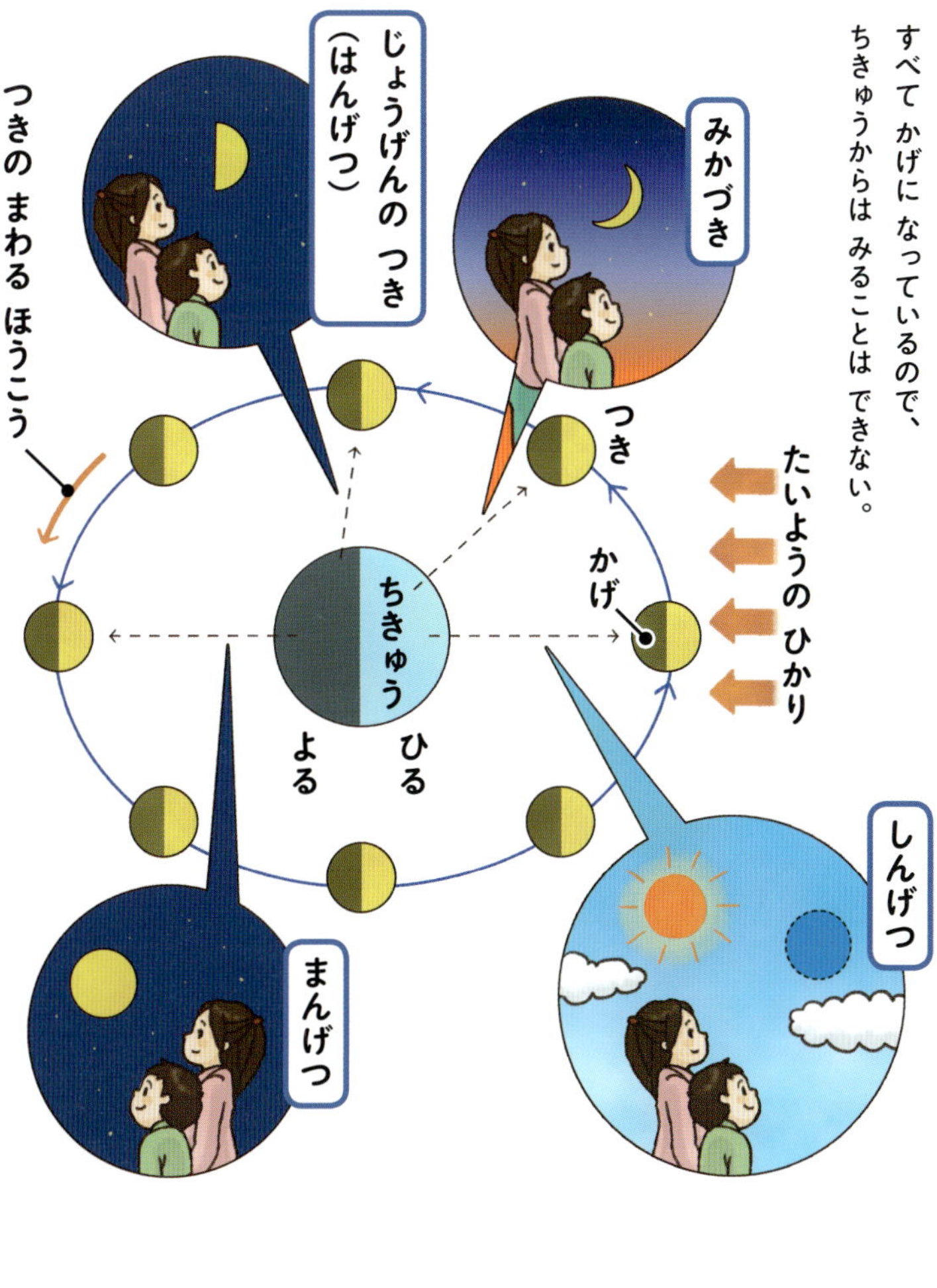

おうちの かたへ

月は太陽に照らされた部分だけが光を反射して輝いて見えます。月は、およそ27.3日かけて地球のまわりを回っています。月の満ち欠けは、月と地球と太陽の位置関係の変化によって決まります。月が地球のまわりを回るにつれ、太陽に照らされる部分が変わるため、満ち欠けを繰り返して見えるのです。

暗い部屋で、月に見立てたボールを手に持ち、横から太陽に見立てた懐中電灯でボールを照らしてもらいます。ボールを持っている人は地球です。ボールを持っている腕を伸ばしたまま、一回転すると、ボールの照らされた部分と陰の部分が変化するのがわかります。ぜひやってみてください。

そらは どこまで つづいているの？

そらを ずっと のぼっていったら
いつかは うちゅうへ いけるのかな。
そらは どこまで
つづいているのかな。

そらが あおく みえるのは、
ちきゅうの まわりが くうき（↓56ページ）で つつまれているためです。
くうきのなかを たいようの ひかりが とおると、
くうきの つぶに あおい ひかりが ぶつかり、
あたりいちめんに ひろがるため、
そらは あおく、 あかるく みえるのです（↓68ページ）。

うちゅう
そら
100キロメートル
ここから うえは
くうきが ほとんど ない。
くうきの つぶ
ひこうき
（10キロメートル）

くうきは、たかいところに いけば いくほど うすくなり、
ひかりが ぶつかる くうきの つぶが すくなくなるため、
そらは くらくなっていきます。
ちじょうから 100キロメートルぐらいの たかさに なると、
くうきが ほとんど なくなり、そらは まっくらに なります。
そのあたりで そらは おわり、
それより うえは うちゅうだと されています。

おうちのかたへ

空をのぼっていくとやがて宇宙になりますが、境界がどこにあるのか明確な定義はありません。国際航空連盟や宇宙航空研究開発機構（JAXA）など、宇宙開発の現場では高度100キロメートルより上を宇宙であると定義することが多いようです。100キロメートルは、東京から湯河原（神奈川県）ぐらいの距離で、宇宙は意外と近い距離にあるといえます。

地球の表面をおおう空気の層を大気と呼びます。大気は上空に行くほどうすくなります。高度100キロメートル付近ではほとんど大気がなく、太陽の光は空気にぶつかることなく通り過ぎるため、まわりは暗くなります。

ながれぼしは どこに きえたの？

よぞらを ながめていたら
ながれぼしが ながれたよ。
あっというまに きえちゃったけど、
どこに おちたのかな。

ながれぼしの しょうたいは、
うちゅうを とんでいる
ちいさな すななどの つぶです。
これを ちりと いいます。
ちきゅうは くうき（↓56ページ）に つつまれています。
ちりが ちきゅうに おちてくると、
くうきと ぶつかり、 こすれあって
もえて かがやきます。
これが ながれぼしです。

てんきの いい ひの よるに
1じかんくらい
そらを みあげていれば、
いくつか ながれぼしを
みることが できる。
ながれぼし
ちり
ちきゅうに おちてきた ちりが
くうきと こすれあって もえて かがやき、
ながれぼしに なる。

ながれぼしは、そらの たかいところで
もえつきてしまうため、
ちじょうに おちることは ありません。
でも、ちりより おおきなものだと
そのまま おちてきてしまうことが あります。
これを いんせきと よびます。

つきの ひょうめんが でこぼこしているのは なぜ？

つきの ひょうめんの でこぼこは、
いんせきが おちた あとです。
これを クレーターと いいます。
つきは、ちきゅうのように
かぜが ふいたり
あめが ふったりしないので、
クレーターが きえずに
のこっているのです。

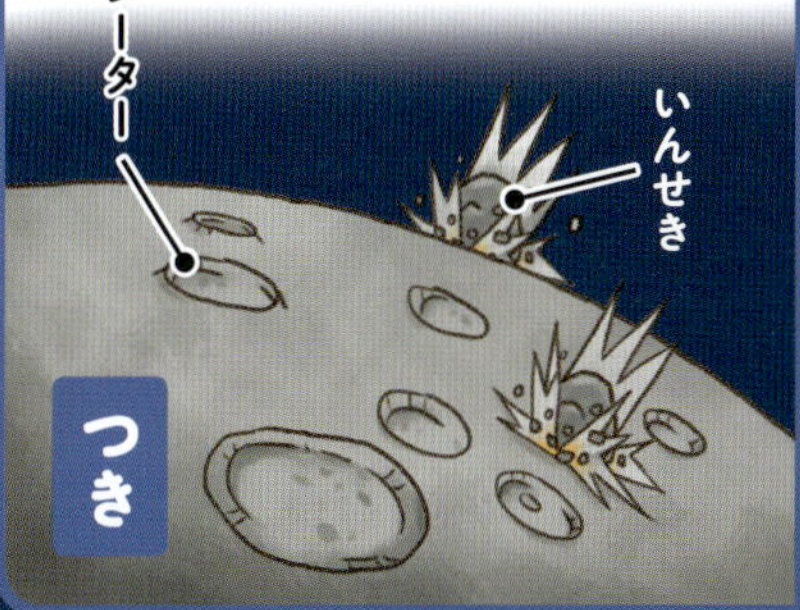

クレーター
いんせき
つき

いんせき
ながれぼし
くうき
ちきゅう

おうちのかたへ

地球は大気に包まれているため、宇宙を漂う塵がものすごいスピードで大気の中に飛び込むと、大気との摩擦によって熱を出し、光り輝くことがあります。これが流れ星（流星）です。

流星群の活動期間には、流星をたくさん見ることができます。流星群とは、彗星が通ったあとに残る塵が、地球にたくさん降り注ぐ、一群の流星のことです。毎年、7月から8月に見られる「ペルセウス座流星群」や、11月半ば頃に見られる「しし座流星群」などが有名です。しし座流星群は33年ごとに流星が大出現することでも知られていて、２００１年のピーク時には、日本各地で1時間に数千個の流星が見られました。

うちゅうでは なぜ からだが うくの？

うちゅうステーションのなかの うちゅうひこうしの からだが ぷかぷか うくのは どうしてかな。まほうみたいで ふしぎだね。

うちゅうひこうしが のっている こくさいうちゅうステーションは、ちじょうから ４００キロメートル はなれた うちゅうに あり、ものすごい はやさで ちきゅうの まわりを まわっています。

そのため、そとむきに はたらく ちから（えんしんりょく（→20ページ））が はたらいています。

また、こくさいうちゅうステーションは、ちきゅうの いんりょく（→40ページ）によって ちきゅうに ひっぱられているため、こくさいうちゅうステーションのなかでは、いんりょくと えんしんりょくが つりあい、からだが ぷかぷかと うくのです。

こくさいうちゅうステーション
こくさいうちゅうステーションのなかでは、せかいの くにぐにの うちゅうひこうしが じっけんを している。
ちきゅう

こくさいうちゅうステーション

90ぷんで ちきゅうを ひとまわりする くらいの はやさで ちきゅうを まわっている。

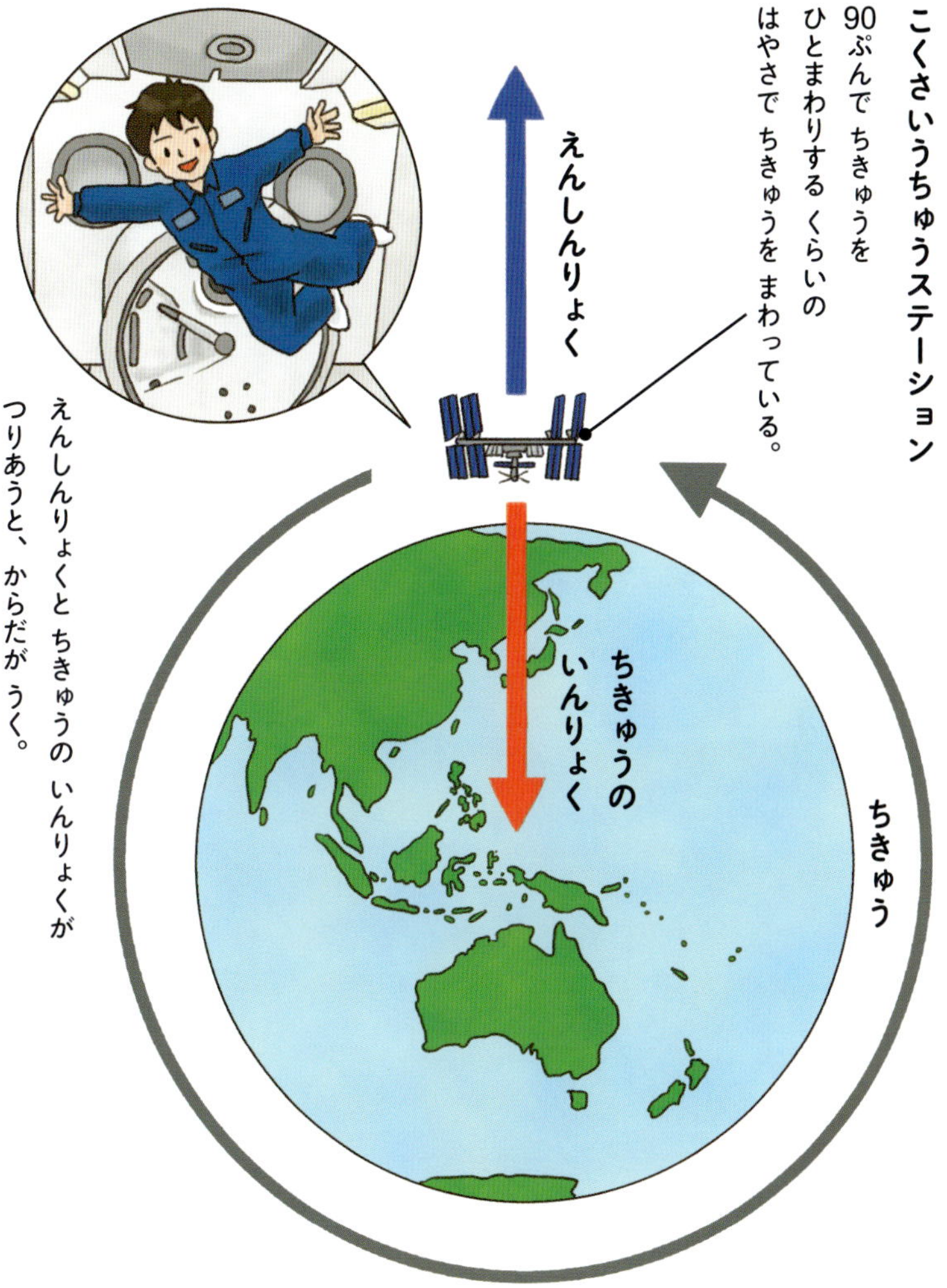

えんしんりょくと ちきゅうの いんりょくが つりあうと、からだが うく。

うちゅうステーションの ひのでと ひのいり

こくさいうちゅうステーションは、90ぷんで ちきゅうを ひとまわりするため、1にちの あいだ（24じかん）で、ひのでと ひのいりが それぞれ 16かいずつ あります。

おうちのかたへ

国際宇宙ステーションでは、地上で感じることができる「ものの重さ」を感じることができません。しかし、国際宇宙ステーション内で重力がなくなってしまったわけではありません。宇宙といえども、地上から４００キロメートルしか離れていないため、重力は、地上に比べて10パーセントほど少なくなるだけです。

国際宇宙ステーションは、地球のまわりを秒速約8キロメートルという速さで回っています。この速さで回ると、国際宇宙ステーションにかかる遠心力と地球の引力がちょうど同じ大きさになって互いにつり合います。そのため、重さがなくなり、ぷかぷかと体が浮くのです。

たいようや ちきゅうに おわりは あるの？

なんまんねん、なんおくねんも さき、
たいようや ちきゅうは
いまと かわらず あるのかな。
それとも きえて なくなっちゃうのかな。

ちきゅうが うまれたのは、いまから
およそ46おくねんも むかしのことです。
まず、たいようが うまれ、
そのまわりを まわる ちきゅうや かせい、
もくせいなどの ほしが うまれました。
たいようの まわりを まわる
これらの ほしは、わくせいと いいます。

46おくねんまえ

うちゅうのなかの
ガスや ちりが まわりながら
あつまり、たいようが うまれる。
たいようの まわりの
ガスや ちりは、ぶつかりあって
ちいさな いわに なる。

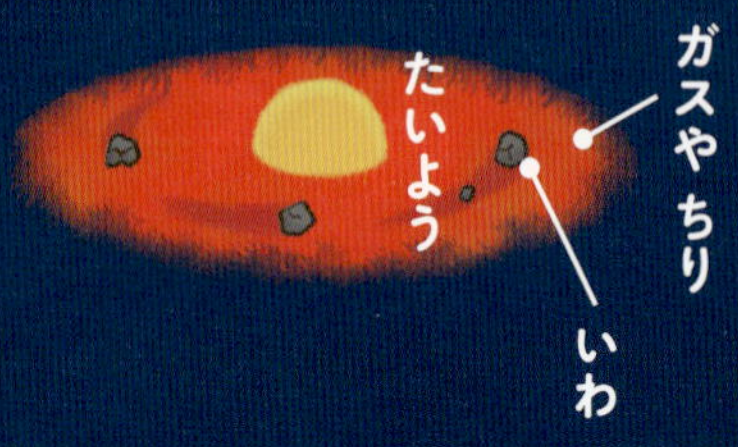

いま

いわや こおり、ガスなど
さまざまな ものを ざいりょうにして
わくせいが たんじょうした。

たいようが おわりを むかえるのは、
いまから 50おくねんも さきのことです。
50おくねんさきには、
ひかりや ねつを だしつづけている
たいようの ねんりょうが なくなると
かんがえられています。
たいようは ねんりょうが なくなると、
どんどん ふくらみ、 ちきゅうを
のみこんでしまうと いわれています。
たいようが おわるとき、 ちきゅうも
おわりを むかえるのです。

しょうわくせい
わくせいに くらべると ちいさく、 いろいろな かたちの ほしのこと。 かせいと もくせいの あいだに あつまっている。

50おくねんくらいあと

50おくねん たつと、 たいようが いまの おおきさの 100ばいくらいに ふくらむ。 ちきゅうも このとき たいように のみこまれると かんがえられている。

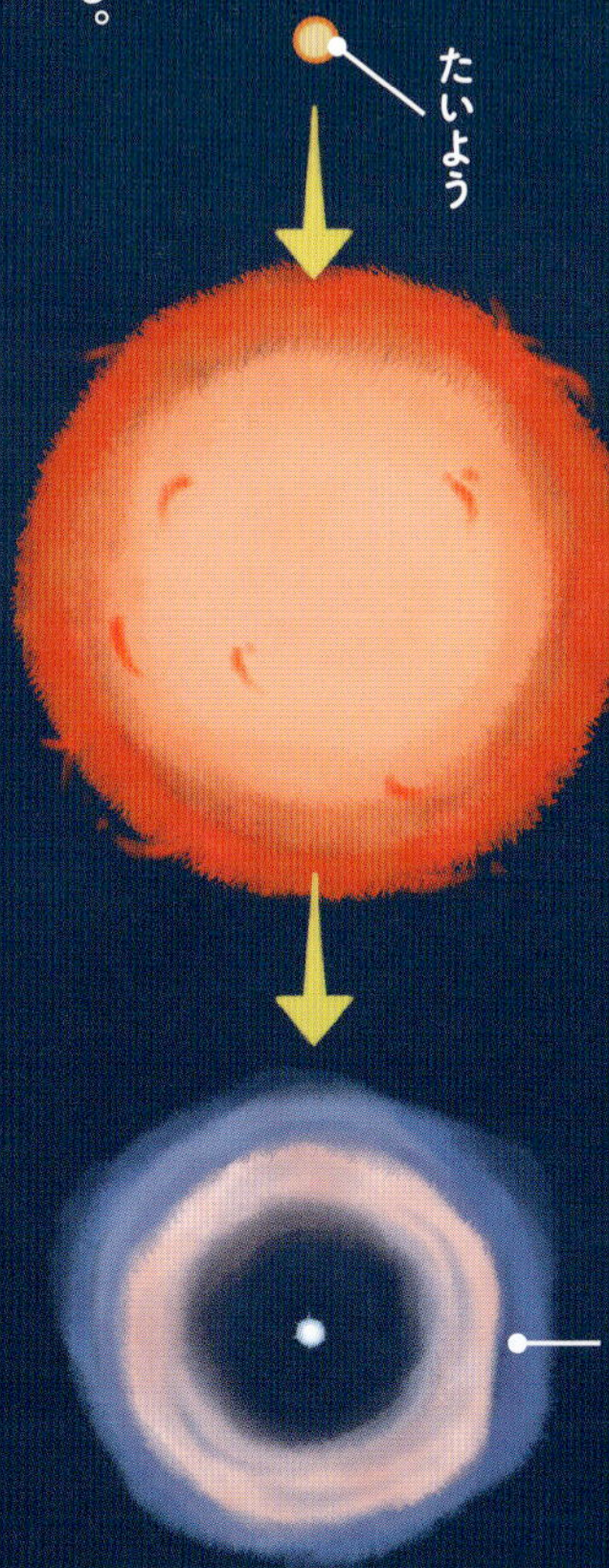

たいようの ガスが まわりに ながれでて、 まんなかに ちきゅうぐらいの おおきさの ほしが のこる。 まんなかの ほしは すこしずつ ひえていく。

おうちのかたへ

地球は、今から46億年前、太陽を中心とした太陽系の一員として誕生しました。地球は太陽から近すぎず、遠すぎず、ちょうどよい距離にあったため、液体の水に恵まれ、生物が育まれる豊かな惑星になりました。

太陽の燃料である水素が枯渇し、膨らみ始めるのは、今から50億年後のことで、太陽は地球の軌道よりも膨張して、地球を飲み込むと考えられています。現在、この説のほか、太陽の引力が弱まることで地球が遠くにとばされてしまう説や、銀河同士の衝突によって太陽系自体がなくなってしまう説などもあり、地球の最期については、まだ定説が確定されていません。

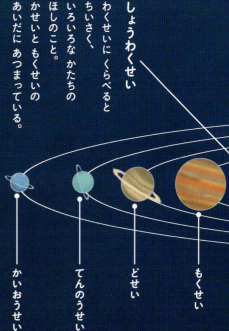

ほしの かずは ぜんぶで いくつ あるの？

よぞらで かがやく ほしは きらきらしていて ほうせきみたい。ほしは たくさん あるけれど、ぜんぶで いくつ あるのかな。

にほんで ぼうえんきょうを つかわずに みえる ほしは、4300こくらい あります。でも、みえているのは、うちゅうに ある ほしの ほんの いちぶなのです。

わたしたちの すむ ちきゅうは ぎんがけい（あまのがわぎんが）という ほしの あつまりのなかに あります。ぎんがけいには 2000おくこの ほしが あり、うちゅうには このような ぎんがが 1000おくも あるのですから、うちゅうぜんたいの ほしは とても かぞえきれません。

そのなかには、ちきゅうに よく にた ほしも みつかっています。そのほしには、みずが あり、いきものも いるのでは ないかと かんがえられ、けんきゅうが すすめられています。

ちきゅう ぜんたいから みえる ほしの かずは 8600こくらい。

ちきゅう
ちきゅうは ぎんがけいの なかに ある。
ぎんがけい（あまのがわぎんが）の ほしの かずは ２０００おくこくらい。
ぎんがけい（あまのがわぎんが）
うちゅうには このような ぎんがが １０００おくこいじょう ある。
ぎんが

おうちのかたへ

肉眼で確認できる星の数はおよそ6等星までで、その数は全天で約８６００個、北半球ではその半分の約４３００個です。私たち太陽系が属する銀河系には、恒星（➡149ページ）だけで２０００億個あります。そして宇宙には銀河が少なくとも１０００億個以上あると推測されていて、正確な星の数はわかっていません。

夜空に見える星の大部分は恒星です。地球のように恒星を周回する星は惑星といいます。現在、地球に似た惑星がいくつか発見されていて、それらの惑星には、生命を育む水が存在するのではないかと推定されています。壮大な宇宙の中の未知の生命の可能性に想いを馳せ、楽しく星空を眺めてみましょう。

ちきゅう・うちゅうに かんけいする ことば①

じてん
自転

ほしが こまのように まわること。
ちきゅうは、ちじくと いう ほっきょくと なんきょくを むすぶ せんを ちゅうしんに、1にちに ひとまわりしている。1にちのなかで、はんぶんは たいようの ひかりが あたる ひる、はんぶんは たいようの ひかりが あたらない よるに なる。

（➡132ページ）

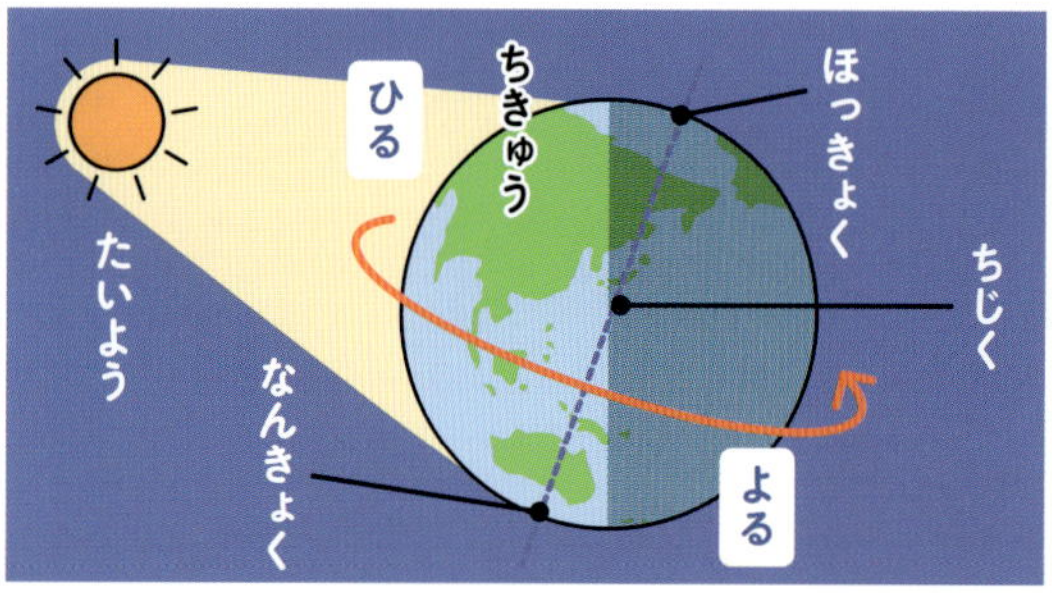

こうてん
公転

あるほしが、べつの ほしの まわりを きそくただしく まわること。
ちきゅうは、ちじくを かたむけながら、たいようの まわりを およそ1ねん かけて まわっている。
ちきゅうが たいようを ひとまわりする とちゅうで どのあたりに いるかによって きせつが かわる。

（➡134ページ）

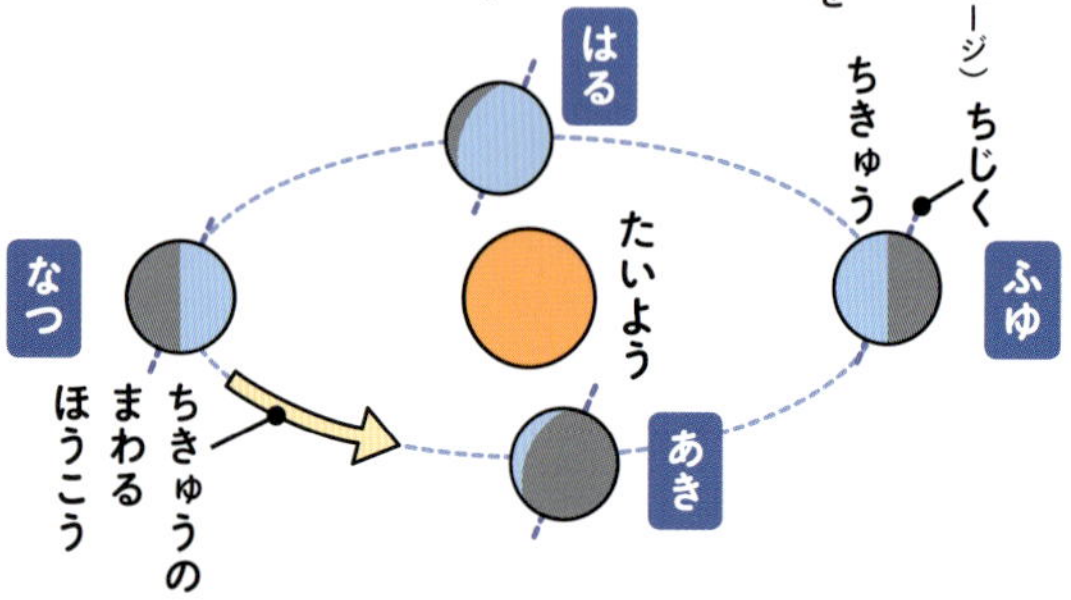

つきの みちかけ
月の満ち欠け

つきは、およそ 1かげつ かけて ちきゅうの まわりを まわっているため、ちきゅうから みた つきの あかるい ぶぶんが 1かげつ かけて すこしずつ かわって みえる。くらいところが かけて みえるので、つきの みちかけと いう。

（➡136ページ）

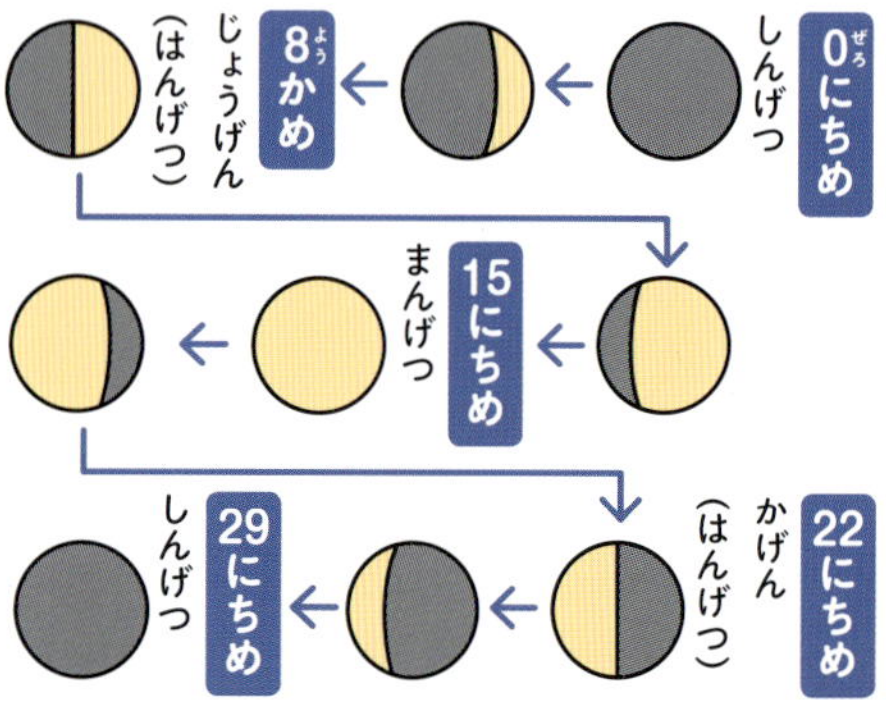

たいき
大気

ちきゅうの まわりを おおう くうきのこと。
そらの たかいところへ いけば いくほど、たいきは うすくなる。

（➡138ページ、➡140ページ）

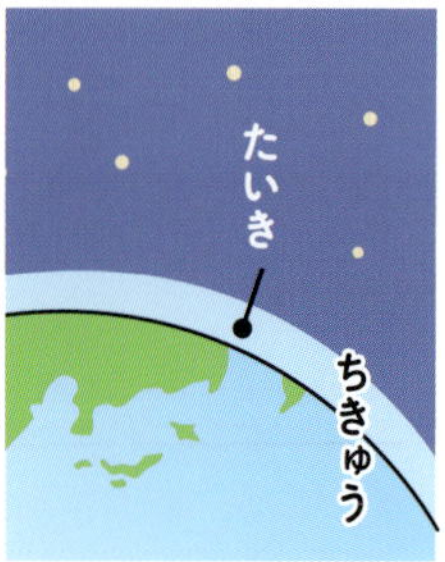

りゅうせい
流星

よぞらを ひかりながら とぶ ほし。
ながれぼしとも いう。
うちゅうの ちりが ちきゅうに おちてくるとき、くうきと こすれあい、ねつを だして かがやく。

（➡140ページ）

ちきゅう・うちゅうに かんけいする ことば②

たいようけい
太陽系

たいよう（こうせい）を
ちゅうしんに
まわっている
ちきゅうや そのほかの
わくせいの あつまり。

（→144ページ）

こうせい
じぶんで
ひかりを だし、
かがやいている ほし。

わくせい
たいようなどの こうせいの
まわりを まわる ほし。
あるていどの おおきさが あり、
ほぼ まるい かたちの
ほしのことを いう。

しょうわくせい
かせいと もくせいの あいだに
ある ちいさな ほし。
わくせいほど おおきく なく、
いろいろな かたちが ある。

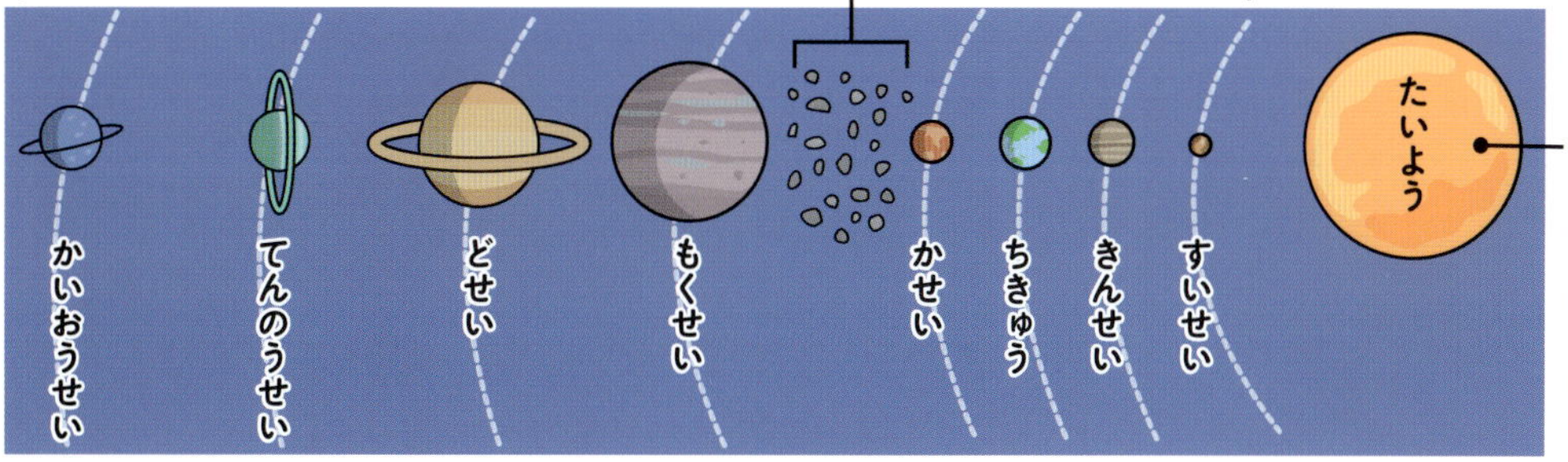

こくさいうちゅうステーション
国際宇宙ステーション

ちじょうから
400キロメートル うえの
うちゅうを とんでいる
じっけんしせつ。
うちゅうひこうしが
そのなかで ながい あいだ
くらしながら、じっけんや
けんきゅうを する。

（→142ページ）

ぎんがけい
銀河系

たいようけいを ふくむ
たくさんの ほしや ガスが
あつまったもの。
あまのがわぎんがとも いう。

（→146ページ）

ぎんがけいは
うずを
まいている。

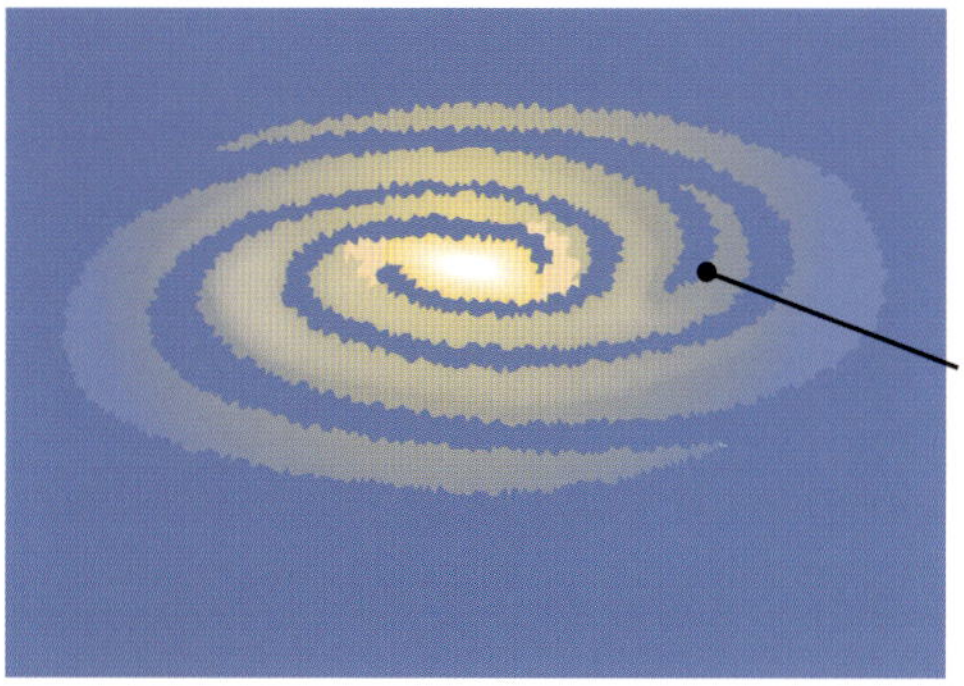

たいようけいの
あるところ

さくいん

監修
川村康文（かわむらやすふみ）

東京理科大学理学部物理学科教授。1959年京都市生まれ。博士（エネルギー科学）。慣性力実験器Ⅱで平成11年度全日本教職員発明展内閣総理大臣賞（1999）、平成20年度文部科学大臣表彰科学技術賞（理解増進部門）をはじめ、数多くの賞を受賞。著書は、『世界一わかりやすい物理学入門　これ1冊で完全マスター！』、『理科教育法　独創力を伸ばす理科授業』（いずれも講談社）など、多数。歌う大学教授（環境保護ソング、世界平和を祈る歌などホームページで配信中。HPアドレス http://www2.hamajima.co.jp/~elegance/kawamura/song.html）。

こども かがく絵じてん
2019年 4月30日　初版発行
2019年12月20日　小型版発行

装丁 ―― 大薮胤美（フレーズ）
本文デザイン ―― 岩瀬恭子（フレーズ）
表紙立体制作 ―― 仲田まりこ
イラスト ―― 尾崎たえこ
鴨下潤
たじまなおと
多田あゆ実
なかじまともこ
にしださとこ
メイヴ
わたなべふみ
撮影 ―― 上林徳寛
校正 ―― 青木一平　村井みちよ
編集協力 ―― 伊沢尚子　漆原泉　加藤千鶴
酒井かおる
編集・制作 ―― 株式会社 童夢

こども かがく絵じてん 小型版
2019年12月20日　第1刷発行

監　修　川村康文
編　者　三省堂編修所
発行者　株式会社 三省堂　代表者 北口克彦
発行所　株式会社 三省堂
〒101-8371 東京都千代田区神田三崎町二丁目22番14号
電話　編集（03）3230-9411　営業（03）3230-9412
https://www.sanseido.co.jp/
印刷所　三省堂印刷株式会社

落丁本・乱丁本はお取り替えいたします。
ISBN978-4-385-14336-1〈小型かがく絵じてん・152pp.〉